AF840031

Heinrich Petersen

Loks und Triebwagen der Deutschen Bundesbahn

1949 – 1993

transpress

IMPRESSUM

Einbandgestaltung: Sven Rauert
Fotos (4) aus dem Archiv des Verfassers

Bildnachweis: Deutsche Bundesbahn 79, 82; Eisenbahnstiftung 8, 9, 11, 12, 17, 54, 72, 86, 112, 126; Erdmann, P. 93, 141; Estler, Th. 13, 94, 103, 108, 130, 135; Krantz, J. 76; Krauss-Maffei 10, 21, 47, 53; Siemens 24, 105; Sölch, H. 31u, 32u, 57, 58; Sender, J. (Sammlung) 33, 74; Archiv transpress 14, 18, 71
Alle anderen Aufnahmen stammen aus dem Archiv des Verfassers.

Eine Haftung des Autors oder des Verlages und seiner Beauftragten für Personen-, Sach- und Vermögensschäden ist ausgeschlossen.

ISBN 978-3-613-71776-3

Copyright © by transpress Verlag, Postfach 10 37 43, 70032 Stuttgart.
Ein Unternehmen der Paul Pietsch Verlage GmbH & Co. KG

1. Auflage 2025

Sie finden uns im Internet unter www.transpress.de

Nachdruck, auch einzelner Teile, ist verboten. Das Urheberrecht und sämtliche weiteren Rechte sind dem Verlag vorbehalten. Übersetzung, Speicherung, Vervielfältigung und Verbreitung einschließlich Übernahme auf elektronische Datenträger wie DVD, CD-ROM usw. sowie Einspeicherung in elektronische Medien wie Internet usw. ist ohne vorherige schriftliche Genehmigung des Verlages unzulässig und strafbar.

Produkthinweis:
Dieses Buch wurde nach den geltenden Vorschriften der General Product Safety Regulation (GPSR) entwickelt. Bei Fragen oder Problemen wenden Sie sich bitte an den Verlag unter der folgenden E-Mail-Adresse: gpsr@paul-pietsch-verlage.de

Lektor: Hartmut Lange
Innengestaltung: Jürgen Knopf, 74321 Bietigheim-Bissingen
Druck und Bindung: Graspo Cz a.s., CZ-76302 Zlin
Printed in Czech Republic

Fast 45 Jahre prägte die Deutsche Bundesbahn (DB) das Bild das Bild des Schienenverkehrs in der Bundesrepublik Deutschland. Zwar gab es auch einige private Bahngesellschaften, doch das staatseigene Unternehmen erbrachte vom 7. September 1949 bis zum 31. Dezember 1993 den weitaus größten Teil der Transportleistungen im Personen- und Güterverkehr.
In den ersten Jahrzehnten beschaffte die Bundesbahn neben wenigen Nachbauten bekannter Baureihen wie E 18, E 94 und V 36 zahlreiche neue Lokomotiv- und Triebwagenbaureihen, die zunächst alte Vorkriegsmaschinen ablösten. Dabei lag der Schwerpunkt auf dem Traktionswandel – der Ablösung der Dampflokomotiven durch elektrische und dieselbetriebene Maschinen – sowie auf höheren Geschwindigkeiten und komfortablerem Reisen. Mitte der 1960er-Jahre erreichte dann die E 03 erstmals eine planmäßige Höchstgeschwindigkeit von 200 km/h. Die letzte Dampflok wurde aber erst im Herbst 1977 aus dem Bestand der Bundesbahn verabschiedet.
Der Rückzug aus der Fläche und die Stilllegung zahlreicher Nebenstrecken machten sich auch im Fahrzeugbestand bemerkbar. Nachdem die Bundesbahn zwischen 1952 und 1962 viele ihrer Nebenbahndampfloks aus der Länder- und Reichsbahnzeit durch Schienenbusse ersetzt hatte, gingen etliche Jahre ins Land, bis sie 1986 wieder eine größere Serie Triebwagen für Nebenstrecken beschaffte.
Die Palette der DB-Fahrzeuge reicht von den ersten Großdieselloks der Baureihen V 80, V 200 über die Elektrolokomotiven der Baureihe E 10, den TEE-Triebwagen der Baureihen VT 11^5 und die InterCity-Loks der Baureihe 103 bis hin zum 280 km/h schnellen ICE.
Außer diesen Baureihen werden im vorliegenden Band alle wichtigen, für die Bundesbahn neu gebauten Lokomotiven und Treibwagen vorgestellt. Auch einige angemietete Lokomotiven und Versuchsmaschinen sind enthalten, weil sie zur Entwicklung von Fahrzeugen beitrugen, die später von der Bundesbahn beschafft wurden. Auf Loks und Triebwagen, die die DB 1949 von der Deutschen Reichsbahn übernahm sowie auf Beutelokomotiven und Loks der Besatzungsmächte muss leider im Rahmen dieses Buchs allerdings verzichtet werden.

Heinrich Petersen
Neumünster

INHALT

DAMPFLOKOMOTIVEN 6-22

ELEKTROLOKOMOTIVEN 23-55

DIESELLOKOMOTIVEN 56-86

KLEINLOKOMOTIVEN 87-94

ELEKTROTRIEBWAGEN 95-109

AKKUMULATOR-TRIEBWAGEN 110-112

DIESELTRIEBWAGEN 113-126

DIENSTTRIEBWAGEN 127-138

SCHIENENBUSSE 139-142

Baureihe 01 (ab 1968: BR 001)

Nach dem Zweiten Weltkrieg verblieben über 150 Exemplare der Schnellzug-Dampfloks Baureihe 01 bei der Deutschen Bundesbahn und bildeten lange Zeit das Rückgrat im schweren Schnellzugdienst. Mitte der 1950er-Jahre zeigten die Kessel jedoch so starke Ermüdungserscheinungen, dass die Bahn handeln musste.

Weil sie auf die Loks noch nicht verzichtet konnte, entschloss sie sich zu einer Neubekesselung. Der neue Kessel hatte eine Verbrennungskammer und bestand aus einem zylindrischen und einem konischen Schuss. Die Strahlungsheizfläche wurde vergrößert, sodass der Kessel 14,5 t/h Dampf (gegenüber 14 t/h beim Altbaukessel) liefern konnte. Durch den flachen Schornstein und die fehlenden Frontschürzen, die durch ein Laufbrett mit angehängten Stirnlampen ersetzt wurden, veränderte sich das Aussehen der Loks sehr stark und sie hinterließen nun einen kraftvolleren Eindruck als vorher. 1958 bis 1961 wurden 50 Maschinen aufgearbeitet, dazu wählte man nur Maschinen ab der Ordnungsnummer 102, also Loks mit einem Laufraddurchmesser von 1.000 mm im Vorlauf-Drehgestell.

Die umgebauten Lokomotiven wurden zusammen mit den Altbau-Maschinen in gemeinsamen Dienstplänen eingesetzt und waren nahezu in ganz Deutschland anzutreffen. Hannover, Hamm, Köln, Würzburg und Treuchtlingen waren bis in die 1960er-Jahre Betriebswerke mit großen 01-Beständen. Ende der 1960er-Jahre waren die hochrädrigen Schnellzug-Dampfloks noch in Ehrang, Augsburg, Braunschweig und Hof beheimatet. Hof wurde dann auch zum Auslauf-Bw, wo alle Neubaukessel-01 bis 1973 außer Dienst gestellt wurden. Einige Monate später folgten die letzten Exemplare dieser Baureihe mit Originalkessel.

Baureihe	**01 (001)**
Radsatzfolge	**2´C1´h2**
Länge über Puffer (mit Tender)	**23.940 mm**
Durchmesser Treib- und Kuppelrad	**2.000 mm**
Durchmesser Laufrad vorn	**1.000 mm**
Durchmesser Laufrad hinten	**1.250 mm**
Radsatzstand	**12.400 mm**
Höchstgeschwindigkeit (v/r)	**130/50 km/h**
Leistung	**1.650 kW**
Dienstmasse (ohne Tender)	**108,3 t**
Indienststellung	**1957–1961**
Anzahl	**50**

Baureihe 01^{10} (ab 1968: BR 011, 012)

In den 1930er-Jahren benötigte die Deutsche Reichsbahn eine leistungsstarke Dampflokomotive, die Schnellzüge mit einer Höchstgeschwindigkeit von 150 km/h befördern können sollte. Man entschied sich für eine Dreizylinder-Maschine mit vollständiger Stromlinienverkleidung. Damit sollten im oberen Geschwindigkeitsbereich die Laufruhe verbessert und der Windwiderstand verringert werden. Außerdem waren in der Ebene bei einer Geschwindigkeit von 120 km/h eine Anhängelast von 550 Tonnen, und auf einer Steigung von 4 Promille und 100 km/h noch 425 Tonnen vorgesehen.

Kriegsbedingt wurden von den ca. 400 geplanten Exemplaren nur 55 geliefert, 54 davon kamen 1949 zur Deutschen Bundesbahn. Die 01 1067 wurde schon im Mai 1948 ausgemustert.

Schon kurz nach der Inbetriebnahme zeigten sich erste Probleme mit der Vollverkleidung. So gestalteten sich die Wartungsarbeiten sehr schwierig und den Triebwerken fehlte die nötige Kühlung durch den Fahrtwind. Deshalb ließ die Reichsbahn die Verkleidungen um die Triebwerke entfernen und setzte die Höchstgeschwindigkeit auf 140 km/h herab. Die Bundesbahn ging noch weiter und entfernte zwischen 1949 und 1951 die komplette Stromschale. Leider erwies sich der Stahl der Güte St 47 K, aus dem die Kessel hergestellt waren, als nicht alterungsbeständig, sodass schon bald erste Schäden auftraten. Die Bundesbahn entschloss sich deshalb, die noch recht jungen Loks im Ausbesserungswerk Braunschweig mit neuen Kesseln ausrüsten zu lassen. So bekamen die 0110 zwischen 1953 bis 1957 geschweißte Hochleistungskessel mit Verbrennungskammer. Der Kessel hat eine um 8,8 % kleinere Rostfläche und eine um 16,4 % kleinere Gesamtheizfläche, aber eine größere Strahlungs- und Überhitzerheizfläche als der alte Kessel. Statt der Oberflächenvorwärmer wurden nun Mischvorwärmer der Bauart Heinl und Nassdampfregler eingebaut. Die Sanddome wanderten vom Kesselscheitel, zunächst auf den Umlauf. Später wurden sie zwischen Umlauf und Kessel eingebaut. Einige 0110 bekamen eine Spurkranzschmierung und bei allen wurden eine Gummiwulstdichtungen zwischen Lok und Tender sowie Wälzlager in die Stangen eingebaut.

Nach dem Umbau kamen die nun leistungsstärksten Dampfloks der Bundesbahn nach Hagen-Eckesey, Kassel und Offenburg. Von Offenburg aus waren sie auf der oberen

Rheinstrecke unterwegs. 1957 wurden die Offenburger Loks nach Osnabrück umgesetzt. Um die Effizienz noch weiter zu steigern, wurden 34 Maschinen zwischen 1956 und 1958 auf Ölhauptfeuerung umgebaut. Nun konnte das Feuer schnell und nach Bedarf geregelt werden. Damit gehörten die 01^{10} zu den leistungsfähigsten Schnellzugloks der Bundesbahn.

1963 wurden die Loks aus Bebra und 1968 aus Osnabrück abgezogen. Neue Elloks übernahmen deren Aufgaben. Die rostgefeuerten Maschinen (ab 1968: BR 011) gingen nach Kassel und Rheine. Von Rheine aus waren sie Richtung Nordsee unterwegs. Hier schieden die letzten 011 bis Ende 1972 komplett aus dem Bestand aus.

Die ölgefeuerten Lokomotiven (ab 1968: BR 012) kamen nach Hamburg-Altona. Von dort fuhren sie nach Westerland (Sylt), Flensburg, Kiel und Osnabrück.

Zum Winterfahrplan 1972/73 wurden alle 0110 in Rheine zusammengezogen, von wo aus sie vorzugsweise nach Emden eingesetzt wurden. 1974/75 waren nur noch einige Exemplare der Baureihe 012 betriebsfähig. Am 31. Mai 1975 beförderte 012 081 mit dem D 741 den letzten planmäßigen mit einer Dampflok bespannten Schnellzug der Deutschen Bundesbahn.

Nach der Ausmusterung blieben die 01 1056, 1061, 1063, 1066, 1075, 1081, 1082, 1100, 1102 und 1104 erhalten. Zum 150. Geburtstag der Eisenbahn in Deutschland im Jahr 1985 arbeitete die Bundesbahn die 01 1100 betriebsfähig auf und setzte sie bei Sonderfahrten in ganz Deutschland ein. 1994 kam sie zur DB AG.

Baureihe	**01^{10} (011, 012)**
Radsatzfolge	**2´C1´h3**
Länge über Puffer (mit Tender)	**24.130 mm**
Durchmesser Treib- und Kuppelrad	**2.000 mm**
Durchmesser Laufrad vorn	**1.000 mm**
Durchmesser Laufrad hinten	**1.250 mm**
Radsatzstand	**12.400 mm**
Höchstgeschwindigkeit (v/r)	**140/50 km/h**
Leistung	**1.725 kW*, 1.815 kW****
Dienstmasse (o. Tender)	**111 t**
Indienststellung	**1953–1962**
Anzahl	**54**
* = kohlegefeuerte Loks	
** = ölgefeuerte Loks	

Baureihe 03^{10}

Für flachere Strecken in den deutschen Ostgebieten plante die Reichsbahn analog der 01^{10} eine leichtere, auf die 03 aufbauende Dreizylindermaschine, ebenfalls mit Vollverkleidung. Von den geplanten 150 Lokomotiven wurden wegen des Zweiten Weltkriegs jedoch nur 60 fertig gestellt. 26 kamen nach dem Krieg zur Deutschen Bundesbahn, die analog zur 01^{10} erst einmal die Stromschale entfernen ließ. Auch die 03^{10} wurden mit Kesseln aus nicht alterungsbeständigem St 47 K gebaut, sodass hier ebenfalls Kesselschäden auftraten. Zwischen 1957 und 1961 bekamen deswegen alle DB-Maschinen im AW Braunschweig einen Hochleistungskessel mit Verbrennungskammer. Gleichzeitig erhielten sie Mischvorwärmer und Abdeckklappen an den Kohlekästen der Tender. Scheibenradsätze in den Vorlaufdrehgestellen einiger Maschinen und eine Kohlennachschubeinrichtung gehörten ebenfalls zum Umbauprogramm.

Nach dem Umbau wurden die Loks in Dortmund, Hamburg-Altona, Ludwigshafen und Paderborn beheimatet. Ab 1958 wurden sie im Bw Hagen-Eckesey zusammengezogen und von dort überwiegend vor Schnell- und Eilzügen eingesetzt.

In den frühen 1950er-Jahren hatten 03 1014, 1022, und 1043 für den Einsatz vor den »blauen« F-Zügen zeitweise einen passenden blauen Anstrich. Allerdings blieben Rauchkammer und Windleitbleche schwarz.

Mitte der 1960er-Jahre wurden die 03^{10} wegen der Traktionsumstellung überflüssig. 1966 wurden sie abgestellt, ausgemustert und in den Ausbesserungswerken Bremen, Lingen und Schwerte verschrottet. 03 1001 sollte als Denkmal erhalten bleiben, fiel aber 1972 ebenfalls dem Schneidbrenner zum Opfer.

Baureihe	**03^{10}**
Radsatzfolge	**2'C1'h3**
Länge über Puffer (mit Tender)	**23.905 mm**
Durchmesser Treib- und Kuppelrad	**2.000 mm**
Durchmesser Laufrad vorn	**1.000 mm**
Durchmesser Laufrad hinten	**1.250 mm**
Radsatzstand	**12.000 mm**
Höchstgeschwindigkeit (v/r)	**140/50 km/h**
Leistung	**1.375 kW**
Dienstmasse (ohne Tender)	**104,2 t**
Indienststellung	**1957–1961**
Anzahl	**26**

Baureihe 05

Im Jahr 1932 plante die Reichsbahn den Bau einer Schnellfahrlok, die im Geschwindigkeitsbereich über 150 km/h eingesetzt werden sollte. Ein Jahr später bekam Borsig in Berlin den Auftrag zum Bau von zwei Lokomotiven mit Vollverkleidung und einem Treib- bzw. Kuppelraddurchmesser von 2.300 mm. Sie wurden als 05 001 und 05 002 eingereiht.

Beim Bau der beiden Maschinen wurden bereits Bedenken laut, dass bei den geplanten Geschwindigkeiten von 175 km/h die Strecken- und Signalbeobachtung durch das Personal nicht mehr einwandfrei gewährleistet sei. Die Deutsche Reichsbahn beauftragte deshalb Borsig, die 05 003 mit gleichen Eckdaten aber vorn liegendem Führerstand zu bauen. Die Lok bewährte sich wegen ihrer Kohlenstaubfeuerung nicht und wurde 1945 in eine normale, rostgefeuerte Lok ohne Stromlinienverkleidung umgebaut.

Alle drei 05 kamen zur Bundesbahn und wurden Anfang der 1950er-Jahre bei Krauss- Maffei in München grundlegend aufgearbeitet. Dabei wurden die Loks entkleidet, der Vorwärmer vor dem Schornstein eingebaut und kleine Windleitbleche montiert. Zudem wurde der Kesseldruck von 20 bar auf 16 bar vermindert, um den Kessel zu schonen.

Die drei Renner kamen nach Hamm und wurden in einem dreitägigen Umlauf im leichten FD-Plandienst zwischen Hamburg, Köln und Frankfurt/Main eingesetzt. So zogen sie unter anderem den F 13/14 »Dompfeil« und den F 1/2 »Hanseat«. Durch die Auslieferung der Dieselloks der Baureihe V 200 wurden die 05 überflüssig und 1958 ausgemustert.

05 001 wurde halbseitig wieder mit einer Stromlinienschale ausgestattet und steht heute im Verkehrsmuseum in Nürnberg.

Baureihe	**05**
Radsatzfolge	**2´C2´h3**
Länge über Puffer (mit Tender)	**26.265 mm*, 26.725 mm****
Durchmesser Treib- und Kuppelrad	**2.300 mm**
Durchmesser Laufrad vorn	**1.100 mm**
Durchmesser Laufrad hinten	**1.100 mm**
Radsatzstand	**13.825 mm**
Höchstgeschwindigkeit (v/r)	**175/50 km/h**
Leistung	**2.500 kW**
Dienstmasse (ohne Tender)	**118,5 t**
Indienststellung	**1950**
Anzahl	**3**

*05 001,05 002 ** 05 003

Baureihe 10

Mitte der 1950er-Jahre suchte die Deutsche Bundesbahn nach einem langfristigen Ersatz für die Maschinen der Baureihen 01^{10} und 03^{10}. Zwar waren die Dieselloks der Baureihe V 200 bereits serienreif, man wollte sich aber noch nicht ganz von der Dampflok abwenden. Nachdem mehrere Vorschläge der Industrie abgewogen und verworfen worden waren, lieferte Krupp 1957 die Probelokomotiven 10 001 und 10 002, beide mit geschweißtem Kessel und Verbrennungskammer. Der Preis einer Lokomotive betrug 650.000 DM. Während die 10 001 eine Rostfeuerung mit Ölzusatzfeuerung hatte, war die 10 002 ab Werk mit Ölhauptfeuerung ausgestattet. 1959 bekam auch die 10 001 eine Ölhauptfeuerung. Äußerlich unterschieden sich die Loks durch die Teilverkleidung, die abgeschrägten Windleitbleche und die kegelförmige Rauchkammertür von den übrigen DB-Dampfloks. Es gab auch zahlreiche unterschiedliche Farbentwürfe, die Bundesbahn entschied sich aber für den klassisch schwarz/roten Anstrich.

Doch noch während des Baus der Maschinen verabschiedete sich die Bahn endgültig von der Dampftraktion und bestellte keine weiteren Exemplare dieser Baureihe mehr.

Die Loks kamen nach Bebra, konnten aber wegen der hohen Radsatzlast von 22 Tonnen nicht freizügig eingesetzt werden. Ein geplanter Umbau auf eine Radsatzlast von nur 20 Tonnen wurde nicht mehr durchgeführt.

1962 wurden sie nach Kassel umbeheimatet und fuhren im schweren Reisezugdienst nach Frankfurt/Main, Gießen sowie Münster (Westfalen). Ab 1965 häuften sich die Schäden und nach einem Schieberstangenbruch an der 10 001 wurden beide Loks Anfang 1968 abgestellt. 10 002 kam als Heizlok nach Ludwigshafen und wurde später verschrottet. 10 001 ist heute im Dampflok-Museum Neuenmarkt-Wirsberg zu Hause.

Baureihe	**10**
Radsatzfolge	**2'C1'h3**
Länge über Puffer (mit Tender)	**26.503 mm**
Durchmesser Treib- und Kuppelrad	**2.000 mm**
Durchmesser Laufrad vorn	**1.000 mm**
Durchmesser Laufrad hinten	**1.000 mm**
Radsatzstand	**12.525 mm**
Höchstgeschwindigkeit (v/r)	**140/90 km/h**
Leistung	**1.839 kW**
Dienstmasse (ohne Tender)	**118,9 t**
Indienststellung	**1957**
Anzahl	**2**

Baureihe 18^6

Die Deutsche Bundesbahn hatte nach dem Zweiten Weltkrieg zwar eine große Zahl schwerer Schnellzug-Dampfloks der Reihen 01, 01^{10}, 03 und 03^{10} übernommen, aber es herrschte dennoch ein Mangel an solchen Maschinen und ein Nachbau hätte zu viel Zeit in Anspruch genommen. Deshalb entschloss sich die Bahn, die von der Reichsbahn nachgebauten bay. S 3/6, Baureihe 18^5, aufzuarbeiten.
Die Loks bekamen geschweißte Kessel mit Verbrennungskammern, komplett neue Führerhäuser und Heißdampf-Mehrfachventilregler. Das AW München-Freimann übergab im Februar 1953 die erste Lok dem Betriebsdienst. Später wurden die Maschinen im AW Ingolstadt umgebaut. Bis 1956 entstanden dann 30 Exemplare der Unterbaureihe 18^6.
Die Loks wurden in Darmstadt, Hof, Regensburg, Nürnberg und Lindau beheimatet. Dort liefen sie zusammen mit den 18^4 und 18^5 im schweren Schnellzugdienst.
1955 kamen sie auch nach Ulm und im August 1961 wurden sie in Lindau zusammengezogen. Der Einsatz der Kemptener Diesellok-Baureihe V 200 verdrängte die 18^6 immer mehr aus dem Dienst. Außerdem musste wegen Rissen zwischen Pumpenträger und Kessel der Kesseldruck von 16 bar auf 14 bar herabgesetzt werden. Das brachte einen erheblichen Leistungsverlust. Im März 1965 gab es nur noch zwei betriebsfähige Exemplare. Nach einer Abschiedsfahrt Ende Mai 1965 wurde mit 18 622 die letzte aktive 18^6 ausgemustert. 18 603 blieb als Heizlok in Ludwigshafen noch bis Mitte 1966 im Bestand. 18 603 wurde ebenfalls noch als Heizlokomotive verwendet. Sie stand dafür bis 1973 in Saarbrücken.
18 612 blieb als einzige der Nachwelt erhalten und steht heute im DDM in Neuenmarkt-Wirsberg. Die Radsätze der 18 602 stehen vor dem Hauptbahnhof in Saarbrücken.

Baureihe	**18^6**
Radsatzfolge	**2'C1'h4v**
Länge über Puffer (mit Tender)	**22.862 mm**
Durchmesser Treib- und Kuppelrad	**1.870 mm**
Durchmesser Laufrad vorn	**950 mm**
Durchmesser Laufrad hinten	**1.206 mm**
Radsatzstand	**11.190 mm**
Höchstgeschwindigkeit (v/r)	**120/50 km/h**
Leistung	**1.545 kW**
Dienstmasse (ohne Tender)	**100,3 t**
Indienststellung	**1953–1956**
Anzahl	**30**

Baureihe 23 (ab 1968: BR 023)

Schon bald nach ihrer Gründung musste sich die Deutschen Bundesbahn mit der Ablösung vieler alter Dampflokbaureihen befassen. Besonders die schon 40 Jahre alte Baureihe 38^{10-40} musste ersetzt werden. Die Bahn erstellte deshalb ein Neubauprogramm, das für den Personenzugdienst die Schlepptenderloks der Baureihe 23 vorsah. Henschel & Sohn, Krauss-Maffei, Krupp und Jung reichten Entwürfe ein und 1950 lieferte Henschel die ersten neun Maschinen, denen 1951 sechs weitere folgten. Später beteiligten sich noch Jung, Krupp und die Maschinenfabrik Esslingen am Bau. Insgesamt entstanden 105 Exemplare. Die 23 ist damit die größte Neubaudampflok-Baureihe und mit 23 105 wurde am 4. Dezember 1959 die letzte Dampflok an die Bundesbahn abgeliefert. Bis einschließlich 23 023 hatten die Loks Oberflächenvorwärmer. Achsen und Stangen waren mit Gleitlagern ausgestattet. 23 053 bis 23 105 erhielten Rollenlager. 23 024, 23 025 und 23 053 bis 23 105 bekamen Mischvorwärmer. 16 Lokomotiven wurden mit einer indirekten Wendezugsteuerung ausgestattet.

Die ersten Loks gingen nach Kempten und Hagen (Westfalen). Später kamen noch die Betriebswerke Kaiserslautern, Saarbrücken und Crailsheim dazu.

Die Baureihe 23 wurde im schweren Personen- und leichten Schnellzugdienst eingesetzt, war aber auch vor Güterzügen zu finden.

Ende 1971 waren noch 76 Maschinen im Bestand. Im Mai 1975 endete der Einsatz in Saarbrücken und im September 1975 in Crailsheim. Drei Loks wurden noch bis Dezember 1975 für Sonderdienste bereitgehalten, aber am 28. Dezember 1975 schied mit 23 058 die letzte Vertreterin dieser Baureihe aus. Damit hat die 23 die 38^{10-40}, die sie ablösen sollte, nur um ein Jahr überlebt.

Baureihe	**23 (023)**
Radsatzfolge	**1´C1´h2**
Länge über Puffer (mit Tender)	**21.325 mm**
Durchmesser Treib- und Kuppelrad	**1.750 mm**
Durchmesser Laufrad vorn	**1.000 mm**
Durchmesser Laufrad hinten	**1.250 mm**
Radsatzstand	**9.900 mm**
Höchstgeschwindigkeit (v/r)	**110/85 km/h**
Leistung	**1.313 kW**
Dienstmasse (ohne Tender)	**82,8 t**
Indienststellung	**1950–1959**
Anzahl	**105**

Baureihe 41 (ab 1968: BR 041, 042)

In den 1950er-Jahren musste die Deutsche Bundesbahn die Kessel aus dem nicht alterungsbeständigem Stahl St 47 K bei ihren Dampfloks auswechseln, weil zunehmend Schäden auftraten. Dies ließ sich auch durch die Reduzierung des Kesseldrucks von 20 bar auf 16 bar nicht verhindern.
Weil die Baureihen 03, 03^{10} und 41 den gleichen Kessel besaßen, genügte es, für sie eine einzige neue Kesselbauart zu entwickeln. Es entstand ein geschweißter Hochleistungskessel mit Verbrennungskammer. Damit der längere Neubaukessel auf dem alten Rahmen montiert werden konnte, mussten der Rauchkammerträger verlängert und die Pendelblechstützen versetzt werden. Der Speisedom und der Sandkasten entfielen. Je vier Sandkästen pro Seite wurden auf dem Umlauf angeordnet.
Zwischen 1957 und 1961 bekamen 102 Maschinen der Baureihe 41 diesen Kessel, der das Aussehen der Loks stark veränderte. So entfiel die schräge Frontschürze. Unter der Rauchkammer wurde ein durchlaufender Tritt montiert, an denen die Frontscheinwerfer aufgehängt waren. Der große Schornstein und der einzelne Dom gaben den Loks ein elegantes Aussehen. 1966 wurde der Neubaukessel der unfallbeschädigten 41 322 auf die 41 019 umgesetzt, sodass 103 Maschinen mit neuem Kessel unterwegs waren. 1968 bekam 41 105 den Hochleistungskessel der 03 1051. Die Kessel wurden im Ausbesserungswerk Braunschweig eingebaut.
Um die Maschinen noch effizienter zu machen, entschloss sich die Bundesbahn zum Einbau einer Ölhauptfeuerung bei 40 Exemplaren der neubekesselten Lokomotiven. Die Rostfeuerung wurde bei Henschel in Kassel in die Ölfeuerung umgebaut.
Die ersten Lokomotiven mit Neubaukessel kamen ab 1957 nach Bremerhaven, Fulda, Kassel und Wanne-Eickel, später wurden sie noch in Hamburg, Kirchweyhe, Osnabrück und Uelzen beheimatet. Dabei hatte beispielsweise Osnabrück kohle- und ölgefeuerte Maschinen. Sie wurden unter anderem vor schweren Durchgangsgüterzügen vom Ruhrgebiet nach Hamburg genutzt. Aber auch Reisezüge aller Gattungen gehörten zu ihren Aufgaben.
In der zweiten Hälfte der 1960er-Jahre wurden durch die fortschreitende Elektrifizierung immer weniger Maschinen benötigt, sodass die kohlegefeuerten Loks aus dem Unterhaltungsbestand herausgenommen werden konnten – sie bekamen nur noch Zwischenuntersuchungen –, während die ölgefeuerten Maschinen noch voll unterhalten wurden.

Am 1. Januar 1968 wurden noch 34 Umbaumaschinen mit Kohlefeuerung in 041 umgezeichnet. Die 40 noch vorhandenen Ölloks wurden nun als 042 geführt. Anfang der 1970er-Jahre waren die 041 von den Gleisen der Bundesbahn verschwunden, während sich die 042 vom Bw Rheine aus überwiegend vor schweren Güterzügen auf der Emslandstrecke und nach Oldenzaal in den Niederlanden nützlich machten. Besonders erwähnenswert sind dabei die 4.000 Tonnen schweren Erzzüge vom Ruhrgebiet nach Emden, die zusammen mit Baureihe 44 mit zwei Lokomotiven bespannt waren. Diese Züge boten den Freunden der letzten deutschen Dampfloks ein optisches und akustisches Erlebnis der Extraklasse. Aber auch Leistungen vor Eilzügen oder – wenn eine 012 ausgefallen war – vor Schnellzügen gehörten zu ihren Aufgaben. Das Ende der Dampflokzeit im Oktober 1977 erlebten noch 042 096 und 042 113. Beide blieben der Nachwelt erhalten. Die 042 096 gehört heute der Dampflokgemeinschaft 41 096 e. V. in Liebenburg-Klein Mahner, die 042 113 steht im Auto & Technik Museum in Sinsheim. Weiterhin erhalten sind die 41 018, 41 024, 41 073, 41 105, 41 137, 41 186, 41 226, 41 241, 41 271, 41 360 und 41 364.

Baureihe	**41 (041, 042)**
Radsatzfolge	**1´D1´h2**
Länge über Puffer (mit Tender)	**23.905 mm**
Durchmesser Treib- und Kuppelrad	**1.600 mm**
Durchmesser Laufrad vorn	**1.000 mm**
Durchmesser Laufrad hinten	**1.250 mm**
Radsatzstand	**12.050 mm**
Höchstgeschwindigkeit (v/r)	**90/50 km/h**
Leistung	**1.425 kW*, 1.450 kW****
Dienstmasse (ohne Tender)	**101,5 t*, 101,3 t****
Indienststellung	**1957–1961**
Anzahl	**103**
* = kohlegefeuerte Lok	
** = ölgefeuerte Lok	

Baureihe 44 (ab 1968: BR 043)

Auch die schweren Güterzuglokomotiven der Baureihe 44 wurden von der Deutschen Bundesbahn in ihr Aufarbeitungsprogramm aufgenommen. Weil bei ihnen die Kessel aber aus haltbarem Stahl gefertigt worden waren, wurde hier ein Kesseltausch überflüssig. Die Umbauten erstreckten sich deshalb unter anderem auf unterschiedliche Vorwärmertypen, automatische Stoker-Rostfeuerungen und neue Stehkessel mit Verbrennungskammern und Turbospeisepumpen. Dies alles waren aber nur Versuche denen kein Serienumbau folgte. Lediglich die Umstellung von Kohle- auf Ölfeuerung wurde in großem Umfang durchgeführt. Um erste Erfahrungen mit der Ölfeuerung zu gewinnen, wurde zunächst 44 475 mit einer Ölzusatzfeuerung ausgestattet. Zwischen 1958 und 1966 bekamen dann 32 Lokomotiven eine Ölhauptfeuerung. Bis 1974 folgten dann noch einmal vier Exemplare. Zur Unterscheidung von den Kohlemaschinen, die ab 1968 als BR 044 liefen, wurden die Maschinen mit Ölfeuerung als BR 043 eingeordnet.

Die ölgefeuerten 44er wurden zunächst von Bebra und ab 1962 von Kassel aus bevorzugt auf der Nord-Süd-Strecke eingesetzt. Ab November 1964 gab Kassel die ersten beiden Maschinen nach Osnabrück ab, denen bis Anfang 1967 noch weitere 14 Lokomotiven folgten. 1968 kamen die ersten Loks nach Rheine, um von dort aus schwere Güterzüge auf der Emslandstrecke zu befördern. Berühmt waren dabei die 4.000 t schweren Erzzüge, die mit zwei Maschinen bespannt wurden. Dabei fuhren die 043 auch zusammen mit ölgefeuerten 042 oder kohlegefeuerten 044. Mit einem Hilfszug zog 043 903 am 26. Oktober 1977 den letzten mit einer Dampflok aus dem Betriebsbestand bespannten Zug der Deutschen Bundesbahn.

Baureihe	**44 (043)**
Radsatzfolge	**1'Eh3**
Länge über Puffer (mit Tender)	**22.620 mm**
Durchmesser Treib- und Kuppelrad	**1.400 mm**
Durchmesser Laufrad vorn	**850 mm**
Radsatzstand	**9.650 mm**
Höchstgeschwindigkeit (v/r)	**80/50 km/h**
Leistung	**1.545 kW**
Dienstmasse (ohne Tender)	**109,6 t**
Indienststellung	**1958–1974**
Anzahl	**36**

Baureihe 50^{40}, 42^{90}

Seit jeher wurde versucht, den Wirkungsgrad von Dampflokomotiven zu verbessern. Die italienischen Ingenieure Attilo Franco (1873 bis 1936) und Piero Crosti entwickelten bereits im frühen 20. Jahrhundert einen Kessel, bei dem die Rauchgase des Feuers das Speisewasser vorwärmten. Dies geschah in einem Röhrenkessel, der unterhalb des oder neben dem normalen Langkessel angeordnet war. Erst danach gelangten die Rauchgase ins Freie. Markant waren die in der Mitte neben dem Kessel nach oben führenden Schornsteine für die Rauchgase. Die italienische Staatsbahn entschloss sich, Loks mit solchen Kesseln in größeren Stückzahlen bauen zu lassen und setzte sie erfolgreich ein.

Nach dem Zweiten Weltkrieg ließ auch die Deutsche Bundesbahn zwei Probelokomotiven nach dem »Franco-Crosti-Prinzip« bauen. Bei Henschel in Kassel wurden dafür zwei Maschinen der Baureihe 52 aus der laufenden Produktion herausgenommen und mit diesen Kesseln ausgestattet. Die Loks wurden dabei so schwer, dass sie später als Baureihe 42 mit den Ordnungsnummern 9000 und 9001 eingereiht wurden.

Untersuchungen mit den Loks ergaben eine Kohleersparnis von etwa 15 %. Im normalen Betrieb vor Güterzügen lag er bei noch etwa 11 %.

Die beiden 42^{90} wurden zunächst in Bingerbrück beheimatet, wechselten aber 1958 nach Oberlahnstein. Aufgrund von Korrosionsschäden am Kessel schieden beide Lokomotiven im Juli 1959 bzw. September 1960 aus dem Bestand aus und wurden später verschrottet.

Zunächst fuhren beide Loks ohne Windleitbleche. Allerdings drangen aus den seitlichen Schornsteinen Rauchgase in den Führerstand ein, deshalb bekamen die Maschinen große Windleitbleche und Windabweiser auf dem Führerstanddach. Die seitlichen Schornsteine erhielten später zusätzliche Windleitbleche.

Obwohl der Technik kein großer Erfolg beschieden war, entschloss sich die deutsche Bundesbahn ab 1955 insgesamt 31 Lokomotiven der Baureihe 50 mit Franco-Crosti-Technik auszustatten. So wurde 1953 die 50 1412 bei Henschel in Kassel mit einem solchen Kessel ausgerüstet. Im Gegensatz zur 42^{90} mit zwei seitlich unterhalb des Langkessels eingebauten Vorwärmerkesseln hatte die 50 nur einen größeren Vorwärmkessel und nur einen seitlichen Schornstein auf der Heizerseite.

1954 wurde 50 4001 von der Versuchsanstalt Minden untersucht und später Bingerbrück zu-

geteilt. Die Messergebnisse zeigten, dass die Franco-Crosti-Lokomotiven normalen Maschinen der Baureihe 50 um bis zu 20 % überlegen waren und dabei etwa 20 % weniger Brennstoff verbrauchten. Allerdings waren die Heizrohre im Vorwärmerkessel sehr korrosionsanfällig. Sodass nach 100.000 km die Rohre das erste Mal gewechselt werden mussten. Chemische Zusätze und der Einbau von Mischvorwärmern verminderten dieses Problem.
Die Deutsche Bundesbahn ließ ab 1957 weitere 30 Güterzug-Dampflokomotiven der Baureihe 50 umbauen und reihte sie als 50^{40} ein. Die 50 4011 wurde zusätzlich mit einer Ölhauptfeuerung ausgestattet und war mit einem Wirkungsgrad von 9,75 % die effizienteste deutsche Dampflok.
Einsatzschwerpunkte waren zunächst die Direktion Mainz mit den Betriebswerken Bingerbrück und Oberlahnstein und die Direktion Münster mit den Betriebswerken Kirchweyhe und Osnabrück Rbf sowie später noch im Bw Hamm in der Direktion Essen. Bald traten jedoch wieder Korrosionsprobleme auf und alle 50^{40} mussten abgestellt werden. Erst nachdem verchromte Rohre eingebaut worden waren, konnten die Loks wieder eingesetzt werden. Allerdings hatte die Deutsche Bundesbahn die Sonderkonstruktion schon bald auf ihre Ausmusterungsliste gesetzt und bei fälligen Hauptuntersuchungen oder größeren Schäden wurden die 50^{40} abgestellt, weil inzwischen genügend Loks anderer Baureihen zur Verfügung standen.
1965 gehörten die Loks zu den Bahnbetriebswerken Hamm, Kirchweyhe und Osnabrück. Anfang 1967 waren nur noch neun Loks aktiv und bis zum November desselben Jahres waren alle aus dem Bestand ausgeschieden. Leider blieb kein Exemplar dieser interessanten Dampflok-Sonderbauart der Nachwelt erhalten.

Baureihe	**50^{40}**
Radsatzfolge	**1´Eh2**
Länge über Puffer (mit Tender)	**22.940 mm**
Durchmesser Treib- und Kuppelrad	**1.400 mm**
Durchmesser Laufrad vorn	**850 mm**
Radsatzstand	**9.200 mm**
Höchstgeschwindigkeit (v/r)	**80/50 km/h**
Leistung	**1.133 kW**
Dienstmasse (ohne Tender)	**90,6 t**
Indienststellung	**1956–1959**
Anzahl	**31**

Baureihe 65 (ab 1968: BR 065)

In ihrem Neubauprogramm für Dampflokomotiven hatte die Deutsche Bundesbahn auch eine Maschine vorgesehen, die die noch aus der Länderbahnzeit stammenden Tenderlokomotiven der Baureihe 93 ablösen sollte. Man legte als Eckdaten unter anderem einen vollständig geschweißten Kessel, ein geschlossenes Führerhaus, eine Radsatzlast von 17 Tonnen, die Radsatzfolge 1'D1' oder 1'D2' und eine Höchstgeschwindigkeit von 85 km/h in beide Richtungen fest. So konnten die Lokomotiven außer auf Nebenbahnen auch auf Hauptbahnen eingesetzt werden.
Mehrere Unternehmen arbeiteten Pläne aus und im Herbst 1949 bestellte die Deutsche Bundesbahn die ersten Loks bei Krauss-Maffei, die aber nach Plänen von Henschel gebaut wurden. Die erste Lieferserie, bis 65 013, war mit einem Oberflächenvorwärmer ausgerüstet. Die zweite Lieferserie (65 014 bis 65 018) bekam Mischvorwärmer. 65 012 bis 65 018 hatten eine Wendezugsteuerung, mit der sie auch hinter geschobenen Zügen eingesetzt werden konnten. Sie fuhren unter anderem auf der Strecke Essen-Kettwig – Düsseldorf mit Wendezügen aus dreiachsigen Umbauwagen und einem vierachsigen Neubau-Steuerwagen. Dabei wurde die Lok bevorzugt mit dem Kessel an den Zug gekuppelt. So konnte der Heizer, der nun auf der Lokführerseite stand, die Signale besser sehen.

Die Loks kamen nach ihrer Auslieferung zunächst nach Darmstadt, Düsseldorf und Letmathe. Später wurden sie auch in Aschaffenburg, Dillenburg, Fröndenberg, und Limburg beheimatet. Gegen Ende ihrer Einsatzzeit wurden alle im Bw Aschaffenburg zusammen gezogen, dass die schnellen Tenderlokomotiven bis 1972 einsetzte. Von hier aus waren sie zusammen mit Lokomotiven der Baureihe 064 überwiegend auf der Strecke nach Miltenberg unterwegs. Als letzte wurde 065 018 im April 1973 ausgemustert, nachdem sie den Winter zuvor noch als Heizlokomotive im Bw Aschaffenburg Dienst tat.

Baureihe	65 (065)
Radsatzfolge	1´D2´h2
Länge über Puffer	15.475 mm
Durchmesser Treib- und Kuppelrad	1.600 mm
Durchmesser Laufrad vorn	850 mm
Durchmesser Laufrad hinten	850 mm
Radsatzstand	11.975 mm
Höchstgeschwindigkeit (v/r)	85/85 km/h
Leistung	1.089 kW
Dienstmasse	107,6 t
Indienststellung	1951–1955
Anzahl	18

Baureihe 66

Die Baureihe 66 war eine weitere Maschine im Dampflok-Neubauprogramm der Deutschen Bundesbahn. Sie sollte eine Universallokomotive werden und die Baureihen 24, 64 und 78 ersetzen. Mit einer Radsatzlast von nur 15 Tonnen konnte sie Nebenbahn befahren und mit einer Höchstgeschwindigkeit von 100 km/h war sie auch schnell genug für Hauptbahnen. Wegen der großen Kohle- und Wasservorräte war sie flexibel einsetzbar.

1954 lagen die Pläne vor und im Oktober 1955 lieferte Henschel mit 66 001 und 66 002 die ersten Baumuster. Der recht kleine Kessel hatte eine Verbrennungskammer. Der vordere Laufradsatz und die erste Treibachse waren in einem Krauss-Helmholtz-Lenkgestell zusammengefasst.

Der Traktionswandel und besonders die Entwicklung der leichten Diesellokomotiven der Baureihe V 100 war aber schon so weit fortgeschritten, dass die Bundesbahn von einer Serienbestellung Abstand nahm. So blieben die beiden Prototypen die einzigen Vertreter der Baureihe 66.

66 001 kam nach ihrer Fertigstellung zunächst zum Versuchsamt in Minden und wurde dort gründlich untersucht. 66 002 wurde gleich in Frankfurt/Main stationiert. 66 001 kam nach Ende der Untersuchungen ebenfalls dort hin. Für die beiden Einzelgänger wurde aber kein eigener Umlauf erstellt, sondern sie fuhren in den Umläufen der 38^{10-40} und 78 mit. 1960 wechselten die Loks nach Gießen. Hier wurden sie in die Dienstpläne der 23 eingebunden und mussten sogar Schnellzüge nach Frankfurt/Main und Mannheim befördern. Im Oktober 1966 erlitt 66 001 einen schweren Schaden am Triebwerk, wurde daraufhin abgestellt und im Juli 1967 verschrottet.

66 002 wurde im September 1967 aus dem Dienst genommen. Sie kann heute leider nur als kaltes Exponat im Eisenbahnmuseum in Bochum-Dahlhausen bestaunt werden.

Baureihe	66
Radsatzfolge	1'C2'h2
Länge über Puffer	14.798 mm
Durchmesser Treib- und Kuppelrad	1.600 mm
Durchmesser Laufrad vorn	1.000 mm
Durchmesser Laufrad hinten	850 mm
Radsatzstand	11.050 mm
Höchstgeschwindigkeit (v/r)	100/100 km/h
Leistung	861 kW
Dienstmasse	93,9 t
Indienststellung	1955
Anzahl	2

Baureihe 78^{10}

Um die Baureihe 38^{10} auch im Städteschnellverkehr nutzen zu können, mussten konstruktive Änderungen an den Maschinen vorgenommen werden, denn mit einer Geschwindigkeit von nur 45 km/h bei Rückwärtsfahrt hätten die Fahrzeiten nicht gehalten werden können und die kurzen Wendezeiten hätten ein Drehen der Loks und ein Umsetzen ans andere Zugende nicht zugelassen.

Die Technische Hochschule in Hannover entwickelte deshalb einen zweiachsigen Kurztender, mit dem die Lokomotiven in beide Richtungen 100 km/h schnell fahren konnten. Der Tender der Bauart 2T17 konnte 5 t Kohle und 17 m^3 Wasser aufnehmen. 38 2919 und 38 2990 wurden bei Krauss-Maffei mit diesem Tender und einem neuen, komplett geschweißten, geschlossenen Führerhaus ausgestattet. Die Verbindung zwischen dem Tender und der Lokomotive übernahm analog eines Krauss-Helmholtz-Gestells eine am Lokomotivrahmen angelenkte Deichsel mit selbsttätiger Rückstellvorrichtung.

So kehrten im März 1951 als Tenderlokomotiven 78 1001 und 1002 in den Betriebsdienst zurück. Beide Maschinen kamen zunächst nach München. Später wurden sie nach Lindau umstationiert. Es zeigte sich jedoch schnell, dass die Laufeigenschaften bei Rückwärtsfahrt nicht befriedigten und die Höchstgeschwindigkeit musste in dieser Richtung auf 60 km/h herabgesetzt werden. Damit gingen die Vorteile einer Tenderlokomotive verloren, der Nachteil kleiner Betriebsvorräte blieb aber bestehen. Diese Einschränkungen und der Strukturwandel führten dazu, dass keine weiteren Loks mehr umgebaut wurden. 1955 wurden die beiden 78^{10} vom Bw Augsburg übernommen, wo sie 1959 abgestellt und 1961 endgültig ausgemustert wurden.

Baureihe	**78^{10}**
Radsatzfolge	**2'C2'h2**
Länge über Puffer	**17.237 mm**
Durchmesser Treib- und Kuppelrad	**1.750 mm**
Durchmesser Laufrad vorn	**1.000 mm**
Durchmesser Laufrad hinten	**1.000 mm**
Radsatzstand	**14.070 mm**
Höchstgeschwindigkeit (v/r)	**100/100* km/h**
Leistung	**868 kW**
Dienstmasse	**109,7 t**
Indienststellung	**1951**
Anzahl	**2**

*** später auf 60 km/h reduziert**

Baureihe 82 (ab 1968: BR 082)

Auch die fünfachsigen Länderbahnen-Tenderlokomotiven der Baureihe 94 wollte die Deutsche Bundesbahn im Rahmen ihres Neubauprogramms ablösen. Nachdem mehrere Entwürfe unterschiedlicher Anbieter geprüft worden waren, bestellte sie 1950 bei der Maschinenfabrik Esslingen, Henschel und Krupp 37 Loks der Baureihe 82.

82 023 wurde als erste geliefert und kam zur Versuchsanstalt in Minden. Sie war die erste Neubaudampflok bei der Deutschen Bundesbahn. Weil man sich über die Ausstattung noch nicht einig war, bekamen 82 013 bis 022 Oberflächenvorwärmer, die anderen Loks wurden ohne Vorwärmer geliefert, konnten aber nachgerüstet werden.

Ende 1951 standen dann 82 001 bis 037 dem Betriebsmaschinendienst zur Verfügung. Versuchsweise bekamen 82 029 und 030 im Juli 1952 Mischvorwärmer. 1955 lieferte die Maschinenfabrik Esslingen noch einmal vier Lokomotiven, sodass insgesamt 41 Exemplare gefertigt wurden. Die vier Nachbaumaschinen wurden ab Werk mit einem Henschel-Mischvorwärmer und einer Riggenbach-Gegendruckbremse ausgestattet. Die Loks wurden im Rangierdienst auf großen norddeutschen Güterbahnhöfen, so in Hamburg-Wilhelmsburg und dem dortigen Hafen, eingesetzt, waren aber auch in Süddeutschland zu Hause. Die 82 der Betriebswerke Altenkirchen, Freudenstadt und Koblenz wurden auch im gemischten Personen- und Güterzugdienst auf Steilstrecken eingesetzt. Mit einer Höchstgeschwindigkeit von 70 km/h gehörten die Maschinen zu den schnellsten laufachslosen Dampfloks der Bundesbahn.

Im Juli 1966 wurde 82 018 als erste abgestellt. Zur Umzeichnung 1968 waren nur noch 27 Lokomotiven im Bestand. 1972 wurden dann die letzten 082 abgestellt, gleichzeitig mit den 094, die sie ersetzen sollten.

Baureihe	**82 (082)**
Radsatzfolge	**Eh2**
Länge über Puffer	**14.060 mm**
Durchmesser Treib- und Kuppelrad	**1.400 mm**
Radsatzstand	**6.600 mm**
Höchstgeschwindigkeit (v/r)	**70/70 km/h**
Leistung	**955 kW**
Dienstmasse	**91,8 t**
Indienststellung	**1950–1955**
Anzahl	**41**

DB
103 235-8

Baureihe E 03 (ab 1968: BR 103^0, 103^1)

Im Hinblick auf die Erhöhung der Reisegeschwindigkeiten im TEE- und im späteren IC-Netz benötigte die Deutsche Bundesbahn in den 1960er-Jahren Lokomotiven mit einer Höchstgeschwindigkeit von 200 km/h.
Sie beauftragte die Industrie mit der Ausarbeitung von Entwürfen und nachdem mehrere Konstruktionen geprüft worden waren, bestellte sie bei Henschel in Kassel vier Prototypen, die 1965 als E 03 001 bis 004 geliefert wurden. Zwei Lokomotiven hatten einen Henschel-Verzweigerantrieb, zwei einen SSW-Gummiring-Kardanantrieb.
Auf der Internationalen Verkehrsausstellung 1965 in München waren die Maschinen erstmals zu sehen. Für die Besucher unternahm E 03 001 zwischen Augsburg und München Hochgeschwindigkeitsfahrten mit bis zu 200 km/h.
Allen gemeinsam war der für TEE-Züge vorgeschriebene Anstrich mit rot/cremefarbenem Lokkasten, den die Deutsche Bundesbahn später auch für ihre InterCiy- und EuroCity-Züge übernahm.
Die sechsachsigen Maschinen wurden ausgiebigen Untersuchungen unterzogen und 1969 vergab die Bundesbahn den Auftrag zur Serienfertigung an mehrere Lokbaufirmen. 103 109 kam im Juni 1970 als erste Serienlok zur Bundesbahn und im Mai 1974 wurde die Fertigung mit 103 245 abgeschlossen.
Die vier Vorserienmaschinen wurden, wenn sie nicht zu Untersuchungen benötigt wurden, ab 1966 von München aus unter anderem vor den TEE »Rheinblitz«, »Gambrinus«, »Blauer Enzian« und »Helvetica« eingesetzt. Später kamen D-Züge hinzu. Mit dem Erscheinen der Serienloks wurden die Vorserienmaschinen aus dem hochwertigen Zugdienst verdrängt und von Hamburg aus vor Eil- und Nahverkehrszügen eingesetzt. Später wurden sie ganz von den Versuchsämtern übernommen und in die Dienstfahrzeug-Reihe 750 umgezeichnet. 103 003 wurde für eine Höchstgeschwindigkeit von 280 km/h zugelassen, die sie bei Messfahrten auf der Schnellfahrstrecke zwischen Hannover und Würzburg auch ausfahren konnte.
Am 14. Juni 1985 stellte ein Versuchszug von der mit einer speziellen Getriebeübersetzung versehenen 103 003 zwischen Brackwede und Neubeckum mit einer Geschwindigkeit von 283 km/h einen neuen Rekord auf deutschen Schienen auf, der erst am 6. August vom »EuroSprinter« mit 310 km/h gebrochen wurde.
Ende der 1980er-Jahre standen den Versuchs-

ämtern die fünf Vorserienlokomotiven der Baureihe 120^0 zur Verfügung und die 103^0 konnten ausgemustert werden. E 03 003 wurde leider verschrottet, die anderen drei blieben der Nachwelt erhalten.

Nach ihrer Ablieferung wurden die Serienlokomotiven gleich im hochwertigen TEE-Dienst genutzt. Mit den relativ kurzen Zügen konnten sie zeigen, was in ihnen steckte.

Mit der Einführung des IC-Systems 1971 wurden die in München, Frankfurt/Main und Hamburg beheimateten 103^1 nun überwiegend vor diesen Zügen eingesetzt. Die Einführung der 2. Klasse und des Stundentakts erhöhten die Zuggewichte und forderten die Loks bis an ihre Grenzen. Die 103 erzielten dabei Laufleistungen von ca. 1.000 km pro Tag, das war über Jahre der Spitzenwert der Deutschen Bundesbahn. Später kam noch die Bespannung von Interregio-Zügen hinzu. Die Maschinen reagierten zunehmend mit Schäden und Ausfällen auf die zu hohen Belastungen, sodass der Wartungsaufwand ständig erhöht werden musste. Bei einigen 103 musste sogar die zulässige Höchstgeschwindigkeit auf 160 km/h reduziert werden. Die Beschaffung der Baureihe 120 ab 1987 und die Einführung des ICE-Systems ab 1991 brachten vorübergehend eine Entlastung.

Eine besondere Aufgabe fiel der 103 101 zu. Sie hatte ab Sommer 1991 den »Lufthansa-Airport-Express« zwischen Frankfurt/Main und Stuttgart zu bespannen. Dieser verkehrte seit der Eröffnung der Schnellfahrstrecke zwischen Stuttgart und Mannheim auf der neuen Strecke und war mit der bisher verwendeten 111 049 dort zu langsam. Die 103 bekam einen weiß/gelben Anstrich und die Aufschrift »Lufthansa- Airport-Express« und war zweimal täglich in beide Richtungen unterwegs.

Als die Deutsche Bundesbahn Ende 1994 in die Deutsche Bahn AG überging, waren die meisten 103 noch im Betriebsbestand und wurden von der DB AG übernommen.

Baureihe	**E 03 (103)**
Radsatzfolge	**Co'Co'**
Länge über Puffer	**19.500 mm, 20.200 mm***
Treibraddurchmesser	**1.250 mm**
Radsatzstand	**14.100 mm**
Höchstgeschwindigkeit	**200 km/h**
Leistung	**6 x 1.180 kW**
Dienstmasse	**114 t**
Indienststellung	**1965**, 1970–1974**
Anzahl	**4**, 145**
***103 173, 103 216 bis 103 245**	
****Vorserienloks**	

Baureihe E 10 (ab 1968: BR 110, 112)

Nach ihrer Gründung setzte die Deutsche Bundesbahn auf die elektrische Zugförderung und trieb den Ausbau ihres Oberleitungsnetzes voran. Dazu musste der Ellokpark ergänzt bzw. erneuert werden. Es entstand ein Typenprogramm, welches das sich dadurch auszeichnete, dass die Maschinen untereinander so ähnlich wie möglich aber so unterschiedlich wie nötig ausgeführt werden sollten. Das Programm beinhaltete vier Baureihen mit denen alle Zugarten vom Schnellzug bis hin zum schweren Güterzug befördert werden sollten.
Die Bundesbahn legte die Eckdaten fest und gab diese an die Industrie weiter. Vorgesehen war eine Maschine mit zwei Drehgestellen, einer Höchstgeschwindigkeit von 120 km/h und einer Masse von 82 Tonnen. Als Bezeichnung war die Baureihe E 46 vorgesehen. Schon während der Planung erhöhte man die maximale Geschwindigkeit auf 130 km/h und vergab nun die Bezeichnung E 10.
1950 bestellte die Bundesbahn bei sechs Herstellern vier unterschiedliche Lokomotiven für den Versuchsbetrieb, die als E 10 001 bis E 10 004 ab August 1952 geliefert wurden. Später kam noch die zur E 10 004 baugleiche E 10 005 hinzu, die sofort in den Planeinsatz ging.
Nach ihrer Ablieferung wurden alle Loks in München beheimatet und liefen von dort auf den Strecken nach Nürnberg und Stuttgart. Später kamen alle fünf Probemaschinen nach Nürnberg und fuhren nach Bamberg, Coburg, Probstzella, München, Regensburg und Würzburg. 1975 wurde mit 110 001 die erste Vorserienlok ausgemustert und im September 1978 folgte mit 110 005 die letzte der Vorserienloks. 110 002 und 110 005 blieben der Nachwelt erhalten.
Nach den Prototypen begann die Serienbestellung. Zwischen 1957 und 1969 wurden dann 420 Exemplare der E 10^1 bzw. E 10^3 geliefert und ab 1968 als 110 bezeichnet.
Die E 10^1 musste 500 Tonnen schwere Schnellzüge auf einer Steigung von 5 Promille mit 140 km/h befördern können, bei 800 Tonnen waren noch 100 km/h vorgesehen und Nahgüterzüge mit einem Gewicht von 1.300 Tonnen sollten bei einer Steigung von 3,5 Promille noch 65 km/h schnell fahren können.
Zu den ersten Einsatzstellen gehörten ab 1957 Frankfurt/Main, Heidelberg, Offenburg und Stuttgart. Später kamen noch Dortmund, Hamburg, Köln, München und Nürnberg hinzu. Von dort aus kamen die E 10 nahezu im gesamten elektrifizierten Netz der Bundesbahn zum Ein-

satz. Sie beförderten neben hochwertigen Planleistungen auch Sonder- und Urlauber-Turnuszüge bis weit nach Österreich hinein.

Bei der E 10 gab es zahlreiche Lokomotiven mit Sondereinrichtungen und -bauteilen. Stellvertretend sollen E 10 299 und E 10 300 erwähnt werden, die im Zuge der Entwicklung der Baureihe E 03 für eine Höchstgeschwindigkeit von 200 km/h ertüchtigt worden waren und diese auch gefahren haben. Weil diese beiden Loks aber nicht schnell genug zur Verfügung standen, musste für kurze Zeit die E 10 1270 einspringen. Sie erreichte bei diesen Testfahrten eine Höchstgeschwindigkeit von 180 km/h. Die E 10 299 erreichte am 28. Oktober 1963 als erste Lokomotive der Deutschen Bundesbahn die Höchstgeschwindigkeit von 200 km/h. E 10 300 folgte am 22. November 1963. Nachdem ab 1965 die Vorserien-Loks der Baureihe E 03 zur Verfügung standen, wurden die E 10 299 in die Serienausführung zurückgebaut und in den normalen Umläufen der Baureihe E 10 eingesetzt. Die E 10 300 behielt ihre Sonderausstattung, wurde aber auch im normalen Plandienst eingesetzt. Sie diente auch als Ersatzlok für eine ausgefallene E 03.

Mit zunehmendem Alter und der Beschaffung der 103 verschob sich das Einsatzgebiet der 110 immer weiter zu niedrigeren Leistungen, so wurden mehr und mehr Eilzug- und Nahverkehrsleistungen gefahren. Mitte der 1970er-Jahre waren die Loks in Dortmund, Frankfurt/Main, Hamburg, Köln und Stuttgart beheimatet. Zu dieser Zeit zeigten sich erste Verschleißerscheinungen und die Höchstgeschwindigkeit musste von 150 auf 140 km/h reduziert werden. Später waren bei einzelnen Maschinen sogar nur noch 120 km/h möglich.

Weil man in den 1960er-Jahren 160 km/h-schnelle Maschinen zur Beförderung von TEE-Zügen – so für den »Rheingold« [Hoek van Holland – Arnheim – Duisburg – Köln – Mannheim – Basel (SBB) – Bern – Lausanne] – benötigte, wurden 31 Maschinen aus der laufenden Serie herausgenommen, die Getriebe modifiziert und die Loks für diese Geschwindigkeit zugelassen. Sie unterschieden sich äußerlich durch den zweifarbeigen zunächst blau/cremefarbenen und später rot/cremefarbenen Anstrich von den »normalen«, blauen Loks. Außerdem wurden ihre Ordnungsnummern um 1.000 erhöht. Aber nicht nur die Farbe wurde geändert, die Loks bekamen auch einen windschnittigeren Lokkasten und ein durchlaufendes Lüfterband, was den »Bügelfalten«-E 10 ein eleganteres Äußeres verlieh. Ab 1968 wurden die zunächst als E 10^{17} bezeichneten Maschinen als Baureihe 112 geführt.

Die Lokomotiven für den »Rheingold« wurden in Heidelberg beheimatet. Die E 10^{12} für den »Rheinpfeil« kamen nach Nürnberg. Außer den TEE-Zügen bespannten die E 10^{12} auch hoch-

wertige F- und D-Züge wie den F 33/34 »Gambrinus« und den D 60/65 »Alpensee-Express« sowie als Füllleistungen Eil- und gar Nahverkehrszüge.

Ab Mai 1967 zog die Bahn die E 10^{12} in Heidelberg zusammen. Nun gehörten auch die TEE 11/12 »Rembrandt«, TEE 35/36 »Rhein-Main« und TEE 77/78 »Helvetica« zu ihren Aufgaben. 1968 wurden alle nach in Frankfurt/Main abgegeben. 1972 kamen sie geschlossen nach Dortmund und 1979 schließlich nach Hamburg. Auch bei ihnen zeigten sich Mitte der 1980er-Jahre erste Schäden und die Höchstgeschwindigkeit wurde bei 112 484 bis 112 504 auf 140 km/h herabgesetzt. Sie wurden in die Baureihe 114 umgezeichnet. 1991 wurden die restlichen 112 in die Baureihe 113 umgezeichnet, weil die Reihe 112 im gemeinsamen Nummernplan der Deutschen Bundesbahn und der Deutschen Reichsbahn für die Reichsbahn-Elloks der Baureihe 212 vorgesehen war. Zur gleichen Zeit traten bei der Baureihe 113 ebenfalls so große Schäden auf, dass sie nur noch mit 120 km/h laufen durften.

Im Dezember 1991 wurde auch die Geschwindigkeit der Baureihe 114 auf 120 km/h herabgesetzt. Weil die Bahn aber noch nicht auf diese Loks verzichten konnte, begann man mit einem groß angelegten Drehgestelltausch. So bekamen die langsamen ehemaligen »Rheingold«-Loks Drehgestelle von normalen »Kasten«-110 und wurden als 110 eingereiht. Die Kasten-110 wiederum wurden mit Drehgestellen von ausgemusterten 140 ausgestattet und wegen ihrer elektrischen Bremse in 139 umgezeichnet.

Ein besonderer Zugang ist die 110 511, die 1985 aus 139 134 umgebaut wurde. Sie ersetzte die am 26. Mai 1983 bei Groß-Königsdorf bei einem Unfall stark beschädigte und später ausgemusterte 110 477. So ist die 110 mit der höchsten Ordnungsnummer eine Lok mit normalem Kasten und nicht mit einer »Bügelfalte«.

Baureihe	**E 10 (110, 112)**
Länge über Puffer	**16.440 mm**
Radsatzfolge	**Bo'Bo'**
Treibraddurchmesser	**1.250 mm**
Radsatzstand	**11.300 mm**
Höchstgeschwindigkeit	**150 km/h, 160 km/h****
Leistung	**4 x 925 kW**
Dienstmasse	**84,6 t**
Indienststellung	**1957–1963**
Anzahl	**5*, 410**
* 110 001 bis 110 005	
** Baureihe 112	

DB
110 352-2

DB
112 504-6

Baureihe 111

Nach dem Ende der Produktion der Baureihe 110 Anfang der 1970er-Jahre war der Bedarf an Schnellzuglokomotiven bei der Deutschen Bundesbahn noch nicht gedeckt. Inzwischen war aber die Fertigungstechnik so weit fortgeschritten, dass die 110 nicht mehr dem Stand der Zeit entsprach. Die Deutsche Bundesbahn entschloss sich daher, eine Nachfolgebaureihe zu beschaffen, in die die neuesten Erkenntnisse einfließen sollten.
1971 erteilte sie Krauss-Maffei und Siemens den Auftrag zur Entwicklung der neuen vierachsigen Lokomotive. Zwar sollten bewährte Komponenten der 110 wie Fahrmotoren, Antriebe und Haupttransformatoren beibehalten werden, um die Kosten zu senken. Aber das Laufwerk, das bei der 110 nie recht überzeugen konnte, und die Lüftung wurden verbessert. Auch entwickelte die Deutsche Bundesbahn zusammen mit Krauss-Maffei einen »integrierten Führerraum«, der nach neuesten ergonomischen Grundsätzen gestaltet war.
1973 waren die Konstruktionsarbeiten abgeschlossen und im April 1974 bestellte die Deutsche Bundesbahn fünf Vorauslokomotiven, die ein Jahr später geliefert wurden. Nach eingehenden Untersuchungen folgte die Bestellung weiterer 222 Exemplare, sodass Ende 1984 insgesamt 227 Maschinen der 111 in Dienst standen.
Die Loks kamen wie die Baureihe 110 zunächst in den hochwertigen Reisezugdienst, wurden aber auch Eil- und Nahverkehrszügen vorgespannt. Bei der Ausarbeitung des IC 79-Konzepts mit stündlichen Verbindungen zeigte sich, dass der Bestand der Baureihe 103 nicht ausreichte. Um diesen Mangel beheben zu können, untersuchte die Bundesbahn die ursprünglich für eine Höchstgeschwindigkeit von 150 km/h ausgelegt 111 im Bereich bis 160 km/h. Nachdem diese Messungen zufrieden stellend verliefen, wurde die Höchstgeschwindigkeit erhöht und die 111 konnte als einzelne Maschine oder in Doppeltraktion auch vor IC-Zügen eingesetzt werden.
1979 begann der S-Bahn-Betrieb im Rhein-Ruhr-Gebiet. Im Gegensatz zu anderen S-Bahn-Netzen, wo Triebwagen im Einsatz standen, entschied sich die Deutsche Bundesbahn hier für lokbespannte Wagenzüge. Deshalb bekamen 111 111 bis 111 188 eine Ausrüstung mit »Zeitmultiplexer Wendezugsteuerung« (ZWS). Damit die Reisenden Linie und Ziel des S-Bahn-Zugs schnell ersehen konnten, wurden Zielanzeigekästen in die Frontfenster montiert. Zur Bedienung der Türen fand der

Triebfahrzeugführer entsprechende Tasten auf dem Führerpult. Ansagen konnte er mit einem Handmikrofon und Außenlautsprecher machen. Ein Hilfsfahrschalter neben den Seitenfenstern des Führerraums ermöglichte die Überwachung des Zugs während der Abfahrt. Von außen waren die Loks am grauen Kasten und der orangefarbenen Bauchbinde zu erkennen. Intern wurden die S-Bahn-Maschinen als Baureihe 113 geführt und es gab sogar Überlegungen, sie offiziell umzuzeichnen. Gegen Ende der Bundesbahnzeit wurden die 111 von angemieteten DR-Loks der Baureihe 143 im S-Bahn-Dienst ersetzt.

Die S-Bahn-Lokomotiven wurden zunächst in Düsseldorf beheimatet, alle anderen 111 kamen nach München und lösten dort die Altbau-Elloks der Reihen 116, 117, 118, 119, 144 und 145 ab.

Mit der Einführung der InterRegio-Züge Anfang der 1990er-Jahre wurden einige Loks nach Frankfurt/Main umstationiert, von wo aus sie IR-Züge über Karlsruhe und die Schwarzwaldbahn an den Bodensee und zurück brachten.

1990 übernahm die 111 049 die Bespannung des »Lufthansa-Airport-Express«. In gelb/weißer Farbgebung war sie ein Jahr lang zwischen Frankfurt/Main und Stuttgart unterwegs. Dann

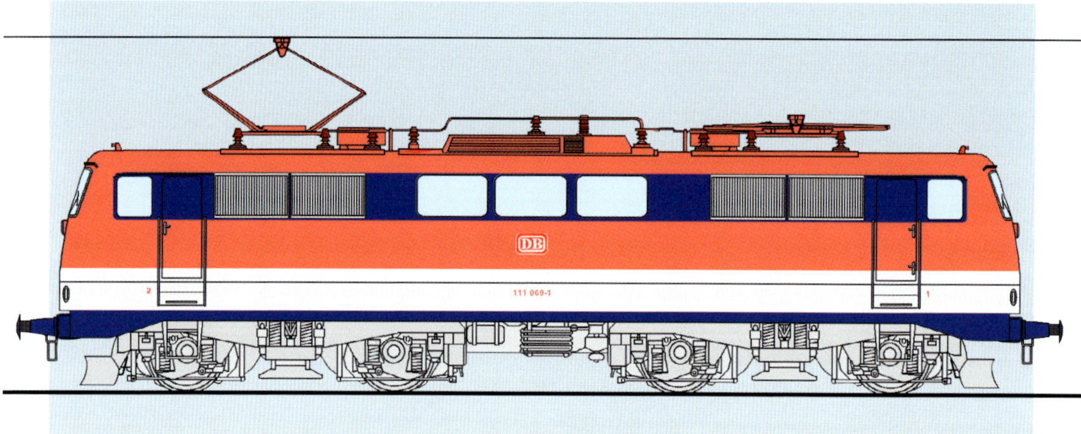

wurde sie von der 103 101 abgelöst und kam wieder in den normalen Plandienst.
1992 und 1993 bekamen die 111 012, 044, 054, 072 und 206 versuchsweise zusätzliche Halogenscheinwerfer neben den unteren Spitzenlichtern. Sie sollten nachts die Sicht auf die Strecke verbessern, wurden später aber wieder abgebaut.
1993 kamen die ersten Doppelstockwagen in den Großraum München. Dafür benötigte die Deutsche Bundesbahn Loks mit ZWS und holte einige Dortmunder S-Bahn-111 nach München.
1994 gingen die Loks in den Bestand der Deutschen Bahn AG über.

Baureihe	**111**
Radsatzfolge	**Bo'Bo'**
Länge über Puffer	**16.750 mm**
Treibraddurchmesser	**1.250 mm**
Radsatzstand	**11.300 mm**
Höchstgeschwindigkeit	**160 km/h**
Leistung	**4 x 905 kW**
Dienstmasse	**83,0 t**
Indienststellung	**1975–1984**
Anzahl	**227**

Baureihe 112

Im Frühjahr 1982 stellte der VEB LEW »Hans Beimler« in Hennigsdorf auf der Leipziger Messe die 212 001 vor. Die neue Maschine wurde benötigt, weil die DDR zuvor ein umfangreiches Elektrifizierungsprogramm beschlossen hatte und die vorhandenen Elloks dafür nicht ausreichten. Die Schnellzuglok war für eine Höchstgeschwindigkeit von 140 km/h zugelassen. Weil aber auf den Strecken der Reichsbahn meist nur 120 km/h gefahren werden durften, wurde die 212 001 in eine Mehrzweckvariante umgebaut und als 243 001 bezeichnet. Diese Ausführung ging ab 1984 in Serie.
Ende der 1980er-Jahre hatte sich die Situation verändert und die Reichbahn bestellte die erste Lieferserie der 212, die bis 1992 als 212 002 bis 212 040 geliefert wurde.
Auch die Bundesbahn interessierte sich für die 212, mietete im Sommer 1991 drei Loks an und setzte sie in Norddeutschland im IC-Dienst ein. Weil zu dieser Zeit noch kein Nachfolger für die Baureihe 120 gefunden worden war und weil sich die Baureihe 212 (ab 1992: Baureihe 112) bewährte, bestellte die Bahn 45 leicht überarbeitete Maschinen und reihte sie als 112 146 bis 190 ein. Bemerkenswert ist, dass die Reichsbahn ebenfalls 45 Exemplare bestellte, die als 112 101 bis 145 von AEG geliefert wurden. Damit hatten sich beide deutsche Staatsbahnen erstmals für dieselbe Baureihe entschieden.
Äußerlich unterschieden sich die 112^1 durch die einfachen Reflektor-Scheinwerfer von den 112^0 mit ihren großen Doppellampen.
Die Loks hatten Hochspannungs-Stufenschaltwerke mit Thyristorschaltern. Wechselstrom-Reihenschlussmotoren übertrugen ihr Drehmoment auf einen Hohlwellenantrieb.
Alle 112^1 kamen nach Berlin und wurden zusammen mit den 112^0 im Schnellzugdienst nach Stralsund, Leipzig, Dessau, Erfurt und Dresden eingesetzt. 1994 wurden sie von der DB AG übernommen.

Baureihe	**112**
Radsatzfolge	**Bo'Bo'**
Länge über Puffer	**16.640 mm**
Treibraddurchmesser	**1.250 mm**
Radsatzstand	**11.500 mm**
Höchstgeschwindigkeit	**160 km/h**
Leistung	**4 x 1.055 kW**
Dienstmasse	**82 t**
Indienststellung	**1992–1993**
Anzahl	**45**

Baureihe E 18 (ab 1968: 118)

Mitte der 1930er-Jahre hatten Gewicht und Höchstgeschwindigkeit von Schnellzügen bei der Deutschen Reichsbahn so hohe Werte angenommen, dass diese mit den vorhandenen Elloks nicht mehr erreicht werden konnten.

Bei der Entwicklung der neuen Baureihe lehnte sich die Reichsbahn an die Baureihen E 04 und E 17 mit ihren im Rahmen gelagerten Treibrädern mit Federtopfantrieb an und gab bei AEG eine neue 1'Do1'-Schnellzugmaschine in Auftrag. Zwischen 1935 und 1940 wurden dann 53 Maschinen der als E 18 bezeichneten Loks gebaut. Weitere Maschinen wurden wegen des Zweiten Weltkriegs storniert.

Nach dem Krieg befanden sich im Bereich der Deutschen Bundesbahn zahlreiche Ersatzteile der Baureihe E 18. Weil die Bahn dringend neue Elloks benötigte, entstanden aus diesen Teilen in den Jahren 1954 und 1955 bei Krupp in Essen und bei AEG die E 18 054 und 055.

Somit standen der Bundesbahn zunächst 41 Maschinen zur Verfügung, die sie im hochwertigen Reisezugdienst, unter anderem auch vor den »blauen« F-Zügen besonders in Süddeutschland einsetzte. Dafür waren die Lokomotiven in München, Nürnberg, Regensburg und Stuttgart beheimatet. Eine besondere Leistung war im Sommer 1965 der Einsatz zwischen Würzburg und Wien. Ab 1970 kamen die Loks auch nach Innsbruck. Im Sommer 1974 zog die Bahn die Loks im Bw Würzburg zusammen.

Die Loks waren zunächst grün lackiert, bekamen aber später wegen ihrer Höchstgeschwindigkeit von 140 km/h einen blauen Lokkasten. Die 118 013, 028 und 049 wurden sogar noch in das ozeanblaue/beigefarbene Schema übernommen.

Mit der Auslieferung neue Schnellzugloks der Baureihen 110 und später 111, wanderten die 118, wie die Loks ab 1968 hießen, in immer niedrigere Dienste ab und hatten bald nur noch Eil- und Nahverkehrzüge zu bespannen. 1984 endete der Einsatz für die Baureihe 118 schließlich Bw Würzburg.

Baureihe	E 18 (118)
Radsatzfolge	1'Do1'
Länge über Puffer	16.920 mm
Treibraddurchmesser	1.600 mm
Radsatzstand	12.800 mm
Höchstgeschwindigkeit	140 km/h
Leistung	2.840 kW
Dienstmasse	108 t
Indienststellung	1955
Anzahl	2

Baureihe 120

Anfang der 1970er-Jahre begann die Lokomotivindustrie verstärkt mit der Entwicklung des Drehstromantriebs für Lokomotiven, denn nun gab es die benötigten elektronischen Halbleiter-Bausteine, mit denen man aus der Einphasen-Wechselspannung aus der Oberleitung eine Mehrphasen-Wechselspannung herstellen konnte.

BBC baute deshalb vier dieselelektrische Lokomotiven des Typs DE 2500, die bei der Deutschen Bundesbahn als 202 eingeordnet wurden. Nach eingehenden Untersuchungen entschied sich die Bahn für diese Antriebstechnik und schrieb eine elektrische Universallokomotive mit Drehstrom-Asynchronmotoren und vier Radsätzen aus. Eckdaten waren die Beförderung 700 Tonnen schwerer Schnellzüge mit 160 km/h, 1.500 Tonnen schwerer Schnellzüge mit 100 km/h, 2.200 Tonnen schwerer Güterzüge mit 80 km/h und 5.400 Tonnen schwerer Güterganzzüge ebenfalls mit 80 km/h, allerdings in Doppeltraktion.

Im März 1977 bestellte die Bundesbahn die ersten fünf Vorauslokomotiven, die sie als 120 001 bis 120 005 einreihte. 120 001 wurde im Mai 1979 geliefert und erregte als neueste Ellok viel Aufsehen auf der im AW München-Freimann durchgeführten Ausstellung »100 Jahre elektrische Lokomotiven« und anschließend auf der »Internationalen Verkehrsausstellung« (IVA) in Hamburg.

Die Loks waren zunächst für eine Höchstgeschwindigkeit von 160 km/h zugelassen, nur 120 005 durfte 200 km/h schnell fahren. Sie wurden in Dienstplänen der Baureihen 103 und 151 eingesetzt, vertraten aber auch die Baureihen 110, 111 und 141.

Durch Änderungen am Laufwerk wurden später alle 120^0 für 200 km/h zugelassen. Bei Versuchsfahrten erreichte 120 001 im Jahr 1984 sogar eine Höchstgeschwindigkeit von 265 km/h. Nach dem Ende der Untersuchungen kamen die fünf Loks in den Plandienst.

Neben dem Drehstromantrieb bekamen die Loks auch Umrichter in Halbleitertechnik.

1984 bestellte die Bundesbahn 60 Serienmaschinen, die zwischen Januar 1987 und Dezember 1988 geliefert und als Baureihe 120^1 in Dienst gestellt wurden. Heimatbetriebswerk war das Bw Nürnberg Rbf.

Der Rahmen und der Aufbau waren eine selbsttragende Konstruktionen. Darüber hinaus besaßen die Maschinen als Neuerungen querbewegliche Drehzapfen, Monobloc-Räder und Leichtmetall-Achslagergehäuse.

Mit der Lieferung der Serienloks wurden die

Vorserienmaschinen aus dem Plandienst genommen und kamen zu den Versuchsanstalten, wo sie die 103^0 ablösten. Die 120^0 waren nämlich noch nicht druckertüchtigt und durften somit nicht auf den neuen Schnellfahrstrecken eingesetzt werden. Im März 1989 wurden sie zu Bahndienstfahrzeugen 752 001 bis 005 umgezeichnet. Im Rahmen der Weiterentwicklung zur Nachfolgebaureihe 121 mit einer Leistung von 7.200 kW und zum ICE dienten sie als Erprobungsträger für neue Komponenten. 120 001 wurde dazu für eine Geschwindigkeit von 280 km/h zugelassen. Während der ICE in Serie gebaut wurde, zog die Bundesbahn die Ausschreibung zur Baureihe 121 zurück und wandte sich von einer »Universal-Lokomotive« wieder ab.
Die 120 003 gehört inzwischen dem Verkehrsmuseum Nürnberg und steht im Bahnpark Augsburg. Die 120 005 ist eine Leihgabe an den Eisenbahnmuseum Weimar. 120 004 steht im DB Museum Koblenz-Lützel.
Die druckertüchtigten 120^1 wurden ab August 1987 im planmäßigen Zugdienst eingesetzt und waren sowohl vor EC-/IC-Zügen besonders auf den neuen Schnellfahrstrecken zwischen Hannover und Würzburg sowie zwischen Mannheim und Stuttgart, als auch vor Güterzügen zu sehen.

Allerdings gab es zu Beginn des Einsatzes erhebliche Schwierigkeiten, besonders mit den Rollenlagern der Fahrmotoren, sodass zeitweise nur 60 % der Loks einsatzfähig war. Nach dem Austausch der Lager liefen die Loks ohne größere Schäden.
Um die Loks im Nahverkehr testen zu können, rüstete die Bahn die 120 151 und 153 mit einer zeitmultiplexen Wendezugsteuerung aus. Sie waren Ende der 1980er-Jahre mit niederländischen Doppelstockwagen im Raum München unterwegs.
1994 gingen alle Maschinen der Baureihe 120 an die Deutsche Bahn AG über.

Baureihe	**120**
Radsatzfolge	**Bo'Bo'**
Länge über Puffer	**19.200 mm**
Treibraddurchmesser	**1.250 mm**
Radsatzstand	**13.000 mm**
Höchstgeschwindigkeit	**200 km/h**
Leistung	**4 x 1.400 kW**
Dienstmasse	**83,2 t**
Indienststellung	**1987–1988**
Anzahl	**5*, 60**

*** Vorserienloks**

Baureihe 127

Anfang der 1990er-Jahre zog die Deutsche Bundesbahn die Beschaffung von 500 neuen Universallokomotiven in Betracht, die das Aufgabengebiet der Baureihe 120 übernehmen und die alten Einheits-Elloks ablösen sollten. Auch musste die 103 altersbedingt ersetzt werden.

Mehrere Hersteller reichten Entwürfe ein. Siemens und Krauss-Maffei bauten auf eigene Rechnung sogar eine Probelokomotive, die sie der Bundesbahn und anderen europäischen Bahnen zur Verfügung stellten. Die Maschine entsprach weitgehend der für die spanische RENFE gebauten Reihe S 252. Dank des modularen Aufbaus konnte sie schnell an die Wünsche und Stromsysteme der Kunden angepasst werden. Auch ein grenzüberscheitender Einsatz sollte möglich sein. Markant war die Lackierung mit silberfarbenen Seitenwänden und pinkfarbenen Stirnseiten der 230 km/h schnellen Maschine.

Die Bundesbahn gab der als »EuroSprinter ES 01« bezeichneten und mit Drehstromantrieb sowie »Gate-Turn-Off«-Technik (GTO) ausgestatteten Maschine die Nummer 127 001 und beheimatete sie im September 1992 in München. Von dort war die Lok in nahezu ganz Deutschland aber auch im europäischen Ausland zu Versuchs- und Messfahrten unterwegs. Bei ihrer Abnahmefahrt im August 1993 erreichte sie auf der Neubaustrecke zwischen Fulda und Würzburg eine Geschwindigkeit von 310 km/h. Dies bedeutete einen neuen Rekord für deutsche Lokomotiven.

Wurde die Lokomotive nicht zu Messfahrten herangezogen, war sie ab Ende August 1993 planmäßig vor EC- und IC-Zügen zwischen München und Stuttgart unterwegs. Hier konnte sie sowohl auf Flachstrecken als auch auf der Geislinger Steige ihre Leitungsfähigkeit unter Beweis stellen. Nach dem Ende des Mietvertrags im Sommer 1994 wurde 127 001 an den Hersteller zurückgegeben, der sie in seinen eigenen Lokpool einstellte.

Baureihe	**127**
Radsatzfolge	**Bo'Bo'**
Länge über Puffer	**19.580 mm**
Treibraddurchmesser	**1.250 mm**
Radsatzstand	**12.900 mm**
Höchstgeschwindigkeit	**230 km/h**
Leistung	**4 x 1.400 kW**
Dienstmasse	**86 t**
Indienststellung	**1993**
Anzahl	**1**

Baureihe E 40 (ab 1968: BR 139, 140)

Für die Beförderung von Güterzügen im Flachland und langsameren Reisezügen war im Einheits-Ellok-Typenprogramm der Deutschen Bundesbahn die Baureihe E 40 vorgesehen. Um den Unterhaltungsaufwand für die E 40 so gering wie möglich zu halten, hatte die gleiche Grundausstattung und den gleichen Lokkasten wie die Baureihe E 10. Auch war der gleiche Motortyp WB 372/22 wie bei der E 10 verbaut. Nur die Getriebeübersetzung wurde an die schwereren Züge angepasst, was zu Lasten der Höchstgeschwindigkeit ging. So waren die E 40 nur für 100 km/h zugelassen. Auf die elektrische Widerstandbremse der E 10 wurde zunächst verzichtet. Die E 40 waren in der Lage bei einer Steigung von 5 Promille 1.400 Tonnen schwere Güterzüge mit einer Geschwindigkeit von 75 km/h zu befördern. Für Reisezüge mit einem Gewicht von 620 Tonnen Gewicht waren auf dieser Steigung 100 km/h vorgesehen.

Die E 40 005 wurde als erste der knapp 880 Maschinen umfassenden Serie im März 1957 von der Deutsche Bundesbahn in Dienst gestellt. Am Bau der ersten Maschinen waren Krauss-Maffei, Henschel und Krupp (mechanischer Teil) sowie SSW, AEG und BBC (elektrischer Teil) beteiligt. Nach über 15 Jahren Bauzeit ging 140 879 am 17. August 1973 als letzte ihrer Art in den Planeinsatz.

Ein Profilstahlgerippe mit aufgeschweißten Blechen bildet den Lokkasten. Er stützt sich über Schraubenfedern und Gummielemente auf den beiden zweiachsigen, in Drehzapfen geführten Drehgestellen ab. Vier 14-polige Wechselstrom-Reihenschlussmotoren treiben über einen SSW-Gummiringfederantrieb alle vier Radsätze an. Es wurden Stromabnehmer vom Typ DBS 54a montiert. Änderungen und Umbauten an Lampen, Lüftungsgittern, Regenrinnen und Handgriffen veränderten im Laufe der Zeit das Aussehen der Maschinen. Außer der 28-stufigen Hochspannungs-Nachlaufsteuerung wurden auch Siemens-Hochspannungsschaltwerke mit Sprunglastschaltern bzw. Siemens-Schaltwerke mit Thyristor-Lastschaltern verwendet. Um Verformungen des Rahmens und des Kastens bei leichten Aufstößen zu vermeiden, bekamen zunächst E 40 274 bis 281, 294 bis 307, 410 bis 411, 434 bis 435, 450 bis 455 und 463 bis 465 eine Verschleißpufferbohle, die an den Rahmen angeschraubt war. Ab den 140[7] wurde Verschleißpufferbohle dann serienmäßig eingebaut.

Für den Einsatz auf den Steilstrecken der Höllentalbahn und der Rampe von Erkrath nach

Hochdahl rüstete die Bundesbahn 31 Lokomotiven aus der laufenden Serie mit einer elektrischen Widerstandsbremse aus. Damit wurde beim Bremsen der Züge auf den steilen Strecken der Verschleiß der Bremsklötze deutlich reduziert. Die Maschinen bekamen zur Unterscheidung eine »1« vor der Ordnungsnummer und liefen als E 40^{11}. Ab 1968 hießen sie 139.

Im Einsatz zeigte sich bald, dass die E 40 wegen der Höchstgeschwindigkeit von nur 100 km/h nicht freizügig eingesetzt werden konnten. Deshalb wurde nach Untersuchungen ohne konstruktive Veränderungen die Höchstgeschwindigkeit auf 110 km/h festgelegt.

Als Universallokomotive waren die E 40 in ganz Deutschland vor nahezu allen Zuggattungen zu finden.

Um sie im Reisezugdienst flexibler zu machen, bekamen einige Maschinen eine Wendezugsteuerung, mit der sie auch hinter geschobe-

nen Zügen eingesetzt werden konnten. Auch die Doppeltraktionssteuerung vergrößerte ihr Einsatzgebiet. Erste Probeloks mit dieser Einrichtung waren ab 1968 die 140 240 und 241. Mit ihnen konnten nun die 4.000 Tonnen schweren Erzzüge von Nevinghof bei Münster nach Koblenz bespannt werden. Später kamen noch 140 757 bis 879 hinzu. 140 362, 776, 777 und 793 hatten zeitweise eine automatische Mittelpufferkupplung, mit denen sie unter anderem vor schweren Erzzügen eingesetzt wurden.

Anfang der 1960er-Jahre mieteten die Schweizerischen Bundesbahnen Loks der Baureihe 140 an. Sie bekamen die Schweizer Zugsicherungssysteme und einen Stromabnehmer mit schmalem Schleifstück.

Einige E40/140 wurden in schwere Unfälle verwickelt. Im Zuge des Wiederaufbaus erhielten diese Loks einen neuen Lokkasten in der jeweils aktuellen bzw. letzten Bauform. Bei den 140 083, 196, 362, 577 und 706 war dieses einen Kasten wie bei den 140[7]. Eine Wendezug- und Doppeltraktionssteuerung bekamen aber nur die 140 196, 362 und 706.1990 bekam das Bw Mannheim leihweise Loks der Baureihe 243 (143) von der Deutschen Reichsbahn der DDR und löste damit die 139 auf der Höllentalbahn ab. Die 139 wurden daraufhin nach München umstationiert und vor Zügen der rollenden Landstraße bis zur österreichisch-italienischen Grenze am Brenner eingesetzt. Außerdem beförderten sie Reisezüge nach Nürnberg, Regensburg, Passau und Berchtesgaden.

Mitte der 1990er-Jahre bekamen einige Loks der Baureihe 110 die Drehgestelle abgestellter 140. Die 110 wurden wegen der Widerstandbremse in die Baureihe 139 eingereiht, die 140 ausgemustert und verschrottet.

Baureihe	**E 40 (139, 140)**
Radsatzfolge	**Bo'Bo'**
Länge über Puffer	**16.440 mm**
Treibraddurchmesser	**1.250 mm**
Radsatzstand	**11.300 mm**
Höchstgeschwindigkeit	**110 km/h**
Leistung	**4 x 925 kW**
Dienstmasse	**83 t*, 84,6 t****
Indienststellung	**1957–1973**
Anzahl	**879**
*** Baureihe 140**	
**** Baureihe 139**	

Baureihe E 41 (ab 1968: BR 141)

Die kleinste und leichteste Baureihe im DB-Typenprogramm für Elloks war die Baureihe E 41. Sie war mit einer Radsatzlast von nur 15 Tonnen für den leichten Dienst auf Neben- und Hauptbahnen vorgesehen. Bei einer Höchstgeschwindigkeit von 120 km/h sollten die Loks Reisezüge mit einem Gewicht von 500 Tonnen auf einer Steigung von 3 Promille befördern können. Für 1.000 Tonnen schwere Güterzüge waren auf einer Steigung von 5 Promille noch 65 km/h vorgesehen. Der mechanische Teil kam von Henschel, der elektrische von BBC. Alle Maschinen bekamen eine Wendezugsteuerung und konnten so im Nahverkehr von Ballungsgebieten eingesetzt werden. E 41 001 wurde am 27. Juni 1956 an die Bundesbahn geliefert und war somit die allererste Serienmaschine des gesamten Typenprogramms. Als letzte kam 141 451 im Februar 1970 zur Deutschen Bundesbahn. Am Bau beteiligt waren Henschel und Krupp (mechanischer Teil) sowie AEG, BBC und SSW (elektrischer Teil). Bis E 41 024 wurden die Maschinen mit blauem Kasten für Schnellzuglokomotiven geliefert, alle weiteren E 41 wurden ab Werk grün lackiert.

Auch für die E 41 übernahm man die geschweißte Konstruktion der elektrischen Einheitslokomotiven. Wegen ihrer geringeren Leistung bekam sie aber einen kleineren und damit auch preiswerteren, fremdbelüfteten Öltransformator mit zwangsweisem Ölumlauf. Aus denselben Gründen wurden Niederspannungsschaltwerke mit 28 Dauerfahrstufen verwendet. Vier zehnpolige Reihenschlussmotoren vom Typ ABM 6651 mit einer Stundenleistung von je 600 kW trieben die vier Radsätze über ein einseitiges Vorgelege und den SSW-Gummiringfederantrieb an. Zum Bremsen diente eine einlösige Knorr-Einkammer-Druckluftbremse.

Wie alle Einheits-Elloks hatten die E 41 zunächst große Stirnlampen, in denen das Spitzen- und das Schlusslicht zusammengefasst waren. Ab E 41 121 bekamen die Loks getrennte weiße und rote Lampen. Ab E 41 026 wurde auf die Maschinenraumfenster in den Seitenwänden verzichtet.

Ab 1960 wurden serienmäßig neue Lüftergitter mit senkrechten statt waagerechten Lamellen eingebaut. In den 1970er- und 1980er-Jahren wurden bei Hauptuntersuchungen eckige Lüftergitter mit breitem Rand oben und unten (Klatte-Gitter) eingebaut. Dabei entstanden auch Loks die mehrere Lüfterbauarten gleichzeitig hatten. In den 1980er-Jahren bekamen alle Maschinen eine verbesserte Transforma-

torbelüftung, die an dem charakteristischen, kleinen Dachaufsatz erkennbar ist.
141 447 bis 141 451 fuhren mit einer elektrischen Nutzbremse. Sie unterschieden sich durch andere Dachaufbauten von den restlichen Maschinen und waren knapp drei Tonnen schwerer als die Loks ohne Nutzbremse.
Die E 41 waren auf nahezu allen elektrifizierten Strecken der Bundesbahn anzutreffen, wurden aber bevorzugt als S-Bahn-Vorläufer im Wendezugdienst eingesetzt.

Wie bei der Baureihe E 10 wurden auch bei der E 41 Versuche durchgeführt, um Verschmutzungen weniger sichtbar werden zu lassen. Dafür wurde der Rahmen der E 41 291 dunkelgrau, der der E 41 373 hellgrau, der der E 41 374 ockerfarben lackiert. Alle drei Varianten brachten aber nicht den gewünschten Erfolg und die Rahmen wurden später wieder schwarz lackiert.
141 248 wurde 1978 mit einem besonderen S-Bahn-Probezug gekuppelt. Bei diesem Zug

wurde das beige/ozeanblau Farbschema umgekehrt. Die Brüstungen der Wagen waren beigefarben und die Fensterbänder ozeanblau. Die Lok wurde an diesen Anstrich angepasst und bekam einen beigefarbenen Kasten mit einem ozeanblauen Absetzstreifen in Höhe der Wagenfenster.

1987 wurde in Nürnberg ein S-Bahn-Netz eröffnet. Nach den guten Erfahrungen mit lokbespannten Wagenzügen im Rhein-Ruhr-Gebiet, entschied sich die Bundesbahn auch in Nürnberg Wagenzüge anzubieten. Diesmal griff man aber nicht auf die 111 zurück, sondern stattete 141 436 bis 141 442 mit den nötigen Einrichtungen wie zeitmultiplexe Wendezugsteuerung (ZWS) und Zielfilmkästen aus. Die Loks wurden auch farblich an die S-Bahn-Wagen angepasst und bekamen einen hellgrauen Kasten, der durch eine orangefarbene Bauchbinde mit gelbem Absetzstreifen unterbrochen wurde. Im Dezember 1993 wurden die Loks durch Maschinen der Baureihe 143 abgelöst.

Im Sommer 1988 bot die Deutsche Bundesbahn mit den »WiesbadenCity« neue, hochwertige Verbindungen zwischen Wiesbaden und Frankfurt/Main an. Damit sollte die hessische Landeshauptstadt an das InterCity-Netz angeschlossen bleiben, das durch die Eröffnung der Schnellfahrstrecke zwischen Hannover und Würzburg umstrukturiert wurde. Für die »WiesbahnCity« wählte die Bahn die 141 200, 230, 401 und 404 aus, lackierte sie orientrot und verband sie mit Nahverkehrs-Prototypen von LHB. Die Züge bestanden in der Regel aus einem Mittel- und einem Steuerwagen, wurden bei Bedarf aber um weitere Mittelwagen ergänzt.

Baureihe	**E 41 (141)**
Radsatzfolge	**Bo'Bo'**
Länge über Puffer	**15.200 mm**
Treibraddurchmesser	**1.250 mm**
Radsatzstand	**10.500 mm**
Höchstgeschwindigkeit	**120 km/h**
Leistung	**4 x 600 kW**
Dienstmasse	**66,4 t*, 69 t****
Indienststellung	**1956–1970**
Anzahl	**451**
*** 141 001–141 446**	
**** 141 447–141 451**	

Baureihe 143

Nachdem die 140 km/h schnelle 212 001 (siehe Seite 33) von der Deutschen Reichsbahn der DDR in die nur 120 km/h schnelle 243 001 umgebaut worden war, unternahm sie auch mit dieser Variante zahlreiche Mess- und Probefahrten. Die Maschine bewährte sich und einer Serienbeschaffung der Baureihe 243 stand nichts mehr im Wege.

Der Auftrag ging an die LEW in Hennigsdorf und im November 1984 begann mit der 243 002 die Serienlieferung an die Reichsbahn. Im Dezember 1990 war die Fertigung nach 646 Maschinen abgeschlossen.

Die Loks der Baureihe 243 wurden als erste Reichsbahn-Ellokreihe mit Einholm-Stromabnehmern ausgestattet. Dank des Hochspannungsschaltwerks mit Thyristorsteller können die 30 Fahrstufen nahezu stufenlos geschaltet werden. Die Loks sind mit einer elektrischen Widerstandsbremse ausgestattet. Je nach Baulos sind eine Wendezugsteuerung mit 34-poliger Steuerleitung sowie eine Doppeltraktionssteuerung für den Einsatz im schweren Güterzugdienst (Baureihe 243[8,9]) vorhanden. Großes Gewicht legte der Hersteller auf eine ergonomische Gestaltung des klimatisierten Führerraums. Der Brückenrahmen war mit den Führerhäusern und den Maschinenraumwänden zu einer selbsttragenden Einheit verschweißt.

Anfang der 1990er-Jahre zeigte die Deutsche Bundesbahn Interesse an den Maschinen, denn die Einheits-Elloks der Baureihen E 40 und E 41 mussten in absehbarer Zeit abgelöst werden. Sie mietete bis zu 150 Exemplare der nun als Baureihe 143 bezeichneten Maschinen an und verteilte sie auf die Betriebswerke Dortmund, Düsseldorf, Mannheim und Nürnberg.

Einige Lokomotiven bekamen eine DB-Wendezugsteuerung mit 36-poliger Steuerleitung und wurden im S-Bahn-Dienst im Rhein/Ruhr-Gebiet und im Großraum Nürnberg eingesetzt. Dazu wurden sie zweifarbig grau/orange lackiert. Die übrigen Loks waren im Regional- und Güterverkehr unterwegs. Sie blieben rot.

Baureihe	**143**
Radsatzfolge	**Bo'Bo'**
Länge über Puffer	**16.640 mm**
Treibraddurchmesser	**1.250 mm**
Radsatzstand	**11.800 mm**
Höchstgeschwindigkeit	**120 km/h**
Leistung	**3.720 kW**
Dienstmasse	**82,5 t**
Indienststellung	**1984**
Anzahl	**150**

Baureihe E 44 (ab 1968: BR 144, 145)

Auf Grund der wirtschaftlichen Lage in den 1920er-Jahren war es der Deutschen Reichsbahn nicht möglich neue Lokomotiven entwickeln zu lassen, geschweige zu beschaffen. So musste sie ihren elektrischen Betrieb mit Stangen-Elloks abwickeln, die nicht mehr dem Stand der Zeit entsprachen.

Um den internationalen Anschluss nicht zu verlieren, entwarf die deutsche Lokomotivindustrie auf eigene Kosten neue Fahrzeuge. So entstanden Anfang der 1930er-Jahre die ersten laufachslosen Drehgestell-Elloks für den Personenzug- und mittleren Güterzugdienst. Die E 44 001, E 44 501 und E 44 2001 wurden zahlreichen Tests unterzogen. Die Reichsbahn entschied sich für die Konstruktion der E44 001 und vergab zunächst einen Serienauftrag über 20 Lokomotiven. Die Loks bewährten sich gut und die Reichsbahn bestellte weitere 190 Exemplare. Die Baureihe E 44 wurde als kriegswichtig eingestuft und als Kriegselektrolokomotive I (KEL I) bis 1945 gebaut. Danach endete die Beschaffung mit E 44 175.

Es waren jedoch noch angefangene Maschinen und zahlreiche Einzelteile vorhanden, so dass nach dem Krieg noch Loks fertig gestellt wurden. In den 1950er-Jahren kamen schließlich E 44 181 bis 187 zur Deutschen Bundesbahn. Letzter Zugang waren E 44 188 und 189, die in den 1960er-Jahren aus den E 244 11 und 22 entstanden. Sie unterschieden sich äußerlich durch nur zwei Stirnfenster und moderne Lüftergitter in den Seitenwänden von den anderen E 44.

Die ab 1943 gebauten Maschinen waren mit einer elektrischen Widerstandsbremse ausgestattet und trugen deshalb ein hochgestelltes »W« hinter der Loknummer. Bei der Vergabe der computergerechten UIC-Nummern wurde diesen Loks die Baureihe 145 zugewiesen, während die E 44 ohne diese Bremse als Baureihe 144 eingereiht wurden. E 44 184 bis 187 waren mit einer Einheits-Wendezugsteuerung ausgestattet.

Baureihe	**E 44 (144)**
Radsatzfolge	**Bo'Bo'**
Länge über Puffer	**15.290 mm**
Treibraddurchmesser	**1.250 mm**
Radsatzstand	**9.800 mm**
Höchstgeschwindigkeit	**90 km/h**
Leistung	**2.200 kW**
Dienstmasse	**78 t**
Indienststellung	**1950-1965**
Anzahl	**7+2***

*** Umbau aus E 244**

Baureihe E 50 (ab 1968: BR 150)

Die sechsachsige E 50 war die größte und auch stärkste Vertreterin der DB-Einheits-Elloks der 1950er-Jahre. Sie sollte in der Lage sein, schwere Güterzüge mit einem Gewicht von 2.300 Tonnen auf einer Rampe von 5 Promille mit 65 km/h zu ziehen. Aber auch Schnellzüge mit einem Gewicht von 600 Tonnen sollten bei von 25 Promille mit 75 km/h befördert werden können.

Die Entwicklung übernahmen Krupp (mechanischer Teil) und AEG (elektrischer Teil) in Zusammenarbeit mit dem BZA München und im April 1957 wurde die E 50 001 als erstes Exemplar ihrer Baureihe von der Bundesbahn übernommen. Im März 1973 kam dann mit 150 194 die letzte Lok dieser Baureihe in den Bestand der Bundesbahn.

Hersteller des mechanischen Teils waren Krupp in Essen und Krauss-Maffei in München. Die elektrische Ausstattung stammte von AEG, SSW oder Siemens.

Für die Lokomotiven wurden dreiachsigen Drehgestellen mit je drei Fahrmotoren des Typs EKB 760 mit Eigen- und Fremdbelüftung verwendet.

Der ölgekühlte Dreischenkeltransformator hatte ein motorisch betriebenes, 28-stufiges Hochspannungsschaltwerk vom Typ N 28 i. Ab 150 128 wurden dann serienmäßig Thyristorlastschalter mit Flachbahnwählern verwendet. 150 001 bis 150 025 bekamen noch einen beidseitigen Tatzlagerantrieb. Ab 150 026 wurde der Gummiringfederantrieb verbaut.

Der Hauptrahmen war ein geschweißter Brückenrahmen auf dem der Lokkasten in Stahlgerippebauweise stand. Er stützte sich über Flexicoilfedern auf den Drehgestellen ab. Zunächst waren die Spurkränze der mittleren Radsätze geschwächt, ab den 1980er-Jahren bekamen die Radsätze eine elastische Seitenbeweglichkeit.

Außer der Druckluftbremse waren eine elektrische Widerstandsbremse und eine Zusatzbremse vorhanden. Auch bei der E 50 gab es während der langen Bauzeit einige Änderungen. So wurden E 50 001 bis E 50 041 noch mit Einfachlampen geliefert. Auch hatten diese Maschinen Lüfter des Typs Schweiger mit waagrechten Lamellen. Danach wurden Lüfter mit senkrechten Lamellen eingebaut. Ab 150 156 wurde die feste Pufferbohle durch eine austauschbare Verschleißpufferbohle ersetzt. Weil die Loks auch im Reisezugdienst fuhren, wurde ab 1989 in einige Maschinen eine Hauptluftbehälterleitung eingebaut, mit der die Türschließanlage und die Türblockierung der Reisezugwagen gesteuert werden konnte.

Die ersten drei Maschinen kamen 1957 zum Betriebswerk Würzburg. Nur die E 50 003 ging im

Juni 1957 nach Neu-Ulm wurde aber schon nach drei Monaten nach Würzburg umbeheimatet. Zunächst wurden die Maschinen Schulungsfahrten verwendet. Später begann ihr Dienst vor Güterzügen zwischen Nürnberg und Aschaffenburg. Deshalb kam schon 1957 Aschaffenburg als neue Heimat hinzu. 1958 wurde diese Loks nach Würzburg und Nürnberg umbeheimatet. Zu dieser Zeit erweitere sich das Einsatzgebiet bis nach Frankfurt/Main. 1962 kam Kornwestheim als Betriebswerk hinzu. Nun wurden die Loks auch im Schubdienst auf der Spessartrampe und der Geislinger Steige genutzt. Allerdings währte dies nicht lange, denn die E 50 wurden im Streckendienst benötigt. Im Frühjahr 1963 trafen die ersten E 50 in Bebra und 1965 Hagen-Eckesey ein. Ihr Einsatzgebiet waren die Nord-Süd- und die Ruhr-Sieg-Strecke.
Nachdem im Frühjahr 1973 alle 194 Maschinen ausgeliefert waren, verteilten sich diese auf folgende Betriebswerke: Bebra (36), Hagen-Eckesey (41), Kornwestheim (52), Nürnberg (30) und Würzburg (35). 1974 gab das Bw Würzburg die Beheimatung auf und Anfang der 1980er-Jahre gab Kornwestheim seinen gesamten Bestand an das Bw Stuttgart ab, ohne das sich am Einsatz der Loks etwas änderte. 1987 endete die Beheimatung der 42 Maschinen der Baureihe 150 in Bebra und die Loks gingen nach Nürnberg, wo sich der Bestand damit fast verdoppelte. Anfang März des gleichen Jahres schied mit der 150 069 die erste Lok ihrer Art aus dem Bestand aus. Sie wurde bei einem Schaltwerkbrand so stark beschädigt, dass eine Aufarbeitung nicht mehr lohnte.
Mit der Öffnung der deutschen Grenze nach Osten zeichnete sich ab, dass durch die zahlreichen Maschinen der Reichsbahn-Baureihe 155 (ex DR 250) zu viele Güterzugloks vorhanden sein würden. Deshalb begann die Bundesbahn schon 1993 mit der Abstellung der Baureihe 150. So schieden die Maschinen mit Tatzlagerantrieb komplett aus dem Bestand aus. Sieben schlecht erhaltene, später gebaute Maschinen mit Gummiringfederantrieb gaben diesen an ältere Maschinen ab und wurden ebenfalls abgestellt.
Im August 1993 übernahm die Bundesbahn die 150 091 in den Museumslokbestand und gab ihr wieder den grünen Anstrich zurück.
Im Zuge der Wiedervereinigung beider deutscher Staaten wurde die Baureihe 150 ab 1991 als erste DB-Ellok-Baureihe komplett im Reichsbahn-Ausbesserungswerk Dessau gewartet. 1994 gingen noch 168 Maschinen der Baureihe 150 in den Bestand der Deutschen Bahn AG über.

Baureihe	**E 50 (150)**
Radsatzfolge	**Co'Co'**
Länge über Puffer	**19.490 mm**
Treibraddurchmesser	**1.250 mm**
Radsatzstand	**13.300 mm**
Höchstgeschwindigkeit	**120 km/h**
Leistung	**6 x 750 kW**
Dienstmasse	**126 t*, 128 t****
Indienststellung	**1957–1973**
Anzahl	**194**

*** 150 001–150 024, ** 150 025–150 194**

Baureihe 151

Mitte der 1960er-Jahre waren die im und kurz nach dem Zweiten Weltkrieg gebauten sechsachsigen Güterzugloks der Baureihe E 94 mit einer Leistung von 3.300 kW bis 4.680 kW und einer Höchstgeschwindigkeit von 90 bzw. 100 km/h den Anforderungen im schweren Güterverkehr nicht mehr gewachsen und mussten auf Dauer abgelöst werden. Außerdem brauchte die Baureihe 140 Unterstützung, damit die unwirtschaftlichen Doppeltraktionen vor Güterzügen reduziert werden konnten. Die neue Baureihe 151 mussten in der Lage sein, das Programm der Baureihe 150 zu erfüllen und zusätzlich noch 1.200 Tonnen schwere Züge mit einer Höchstgeschwindigkeit von 120 km/h auf einer Steigung von 5 Promille zu befördern. Auf der gleichen Steigung waren auch 2.000 Tonnen mit 80 km/h vorgesehen.

Um die Ersatzteilhaltung möglichst gering zu halten, sollte die 151 die in den Einheits-Elloks verwendeten Fahrmotoren vom Typ WBM372-22 bekommen. Dank neuer Isolierstoffe konnte die Leistung der Motoren auf 1.050 kW gesteigert werden, sodass die Baureihe 151 mit 6.300 kW die Baureihe 150 mit 4.500 kW um 40 % übertrifft.

Ende Oktober 1972 kam mit der von AEG und Krupp gebauten 151 001 die erste Lok dieser Serie zur Bundesbahn. Sie wurde zahlreichen Tests unterzogen und im Februar 1973 offiziell abgenommen. 151 170 bildete im Herbst 1977 das Ende der Beschaffung. Bis zur 151 075 waren die Loks grün lackiert. Die 151 073 und ab 076 kamen im neunen beige/ozeanblauen Farbkleid auf die Schienen.

Anders als bei den Einheits-Elloks bestand der Aufbau der 151 aus einem selbsttragenden Brückenrahmen, auf den nur die beiden Führerstände fest montiert waren. Dazwischen waren drei abnehmbare Hauben aufgesetzt, die die Seitenwände und das Dach bildeten, aber nicht zum Tragen herangezogen wurden. Die Loks der Baureihe 151 waren die ersten Maschinen mit klimatisierten Führerräumen. Auch das Laufwerk wurde neu konstruiert. So hatten die Sechsachser keinen Drehzapfen mehr. Der Aufbau stützte sich ohne Drehzapfen über Flexicoil-Federn auf die Drehgestelle. Die Drehgestelle waren in Stahlleichtbauweise unter Verwendung bewährten Bauteile der Baureihe 103 hergestellt. Die Radsätze wurden durch Lemniskatenlenker geführt.

Bei der Baureihe 151 kam der bekannte SSW-Gummiringfederantrieb zum Einsatz. Gesteuert wurden die Fahrmotoren über ein 29-stufiges Hochspannungsschaltwerk, das von neu entwickelten Thyristorschaltern unterstützt wurde. Der Haupttransformator leistete 6.300 kVA.

Die Bremse war eine zweistufige, mehrlösige Druckluftbremse mit Zusatzbremse. Neu war die elektrische Widerstandsbremse. Die 151 089 bis 151 099 und 151 114 bis 122 hatten eine automatische Mittelpufferkupplung und wurden bevorzugt – auch in Doppeltraktion – vor schweren Erzzügen zwischen den Nordseehäfen in Nordenham sowie Hamburg-Hansaport und Peine-Salzgitter eingesetzt. Die Zuggewichte betrugen dabei bis zu 5.600 Tonnen.

Alle Lokomotiven wurden mit den Einrichtungen für Mehrfachtraktion und Wendezugbetrieb ausgestattet. Außerdem wurden 151 001 bis 085 für den Einsatz auf Schnellfahrstrecken 1990/1991 mit der linienförmigen Zugbeeinflussung LZB 80 nachgerüstet.

Die Lokomotiven wurden nach Nürnberg und Hagen-Eckesey ausgeliefert. Hagen setzte die Loks zunächst im Güterzugdienst auf der steigungsreichen Ruhr-Sieg-Strecke ein. Allerdings gehörten auch einige wenige Reisezüge zu ihren Aufgaben. Später kamen Nürnberg und Bremen als Ziele hinzu. Nürnberger Maschinen fuhren zunächst nach Würzburg und Aschaffenburg. Auf der Frankenwald-Rampe kamen 151 sogar zu Schnellzugehren, hier beförderten sie die schweren, zwischen München und Berlin verkehrenden »Interzonen-Züge«.

Anfang der 1990er-Jahre wurden die Loks mit LZB 80 in Nürnberg zusammengezogen, das dafür Loks nach Hagen abgeben musste. Diese Verteilung bestand auch noch als die Maschinen 1994 von der DB AG übernommen wurden.

Baureihe	**151**
Radsatzfolge	**Co'Co'**
Länge über Puffer	**19.490 mm**
Treibraddurchmesser	**1.250 mm**
Radsatzstand	**13.660 mm**
Höchstgeschwindigkeit	**120 km/h**
Leistung	**6 x 1.050 kW**
Dienstmasse	**118 t**
Indienststellung	**1973–1977**
Anzahl	**150**

Baureihe E 310, E 410 (ab 1968: BR 181⁰, 181¹, 184)

Bei der Elektrifizierung ihrer Streckennetze gingen die Bahnen bei der Wahl von Art und Höhe der Spannung eigene Wege. Dies sollte im Krisenfall verhindern, dass der »Feind« mit seinen Elloks in das eigene Land einfahren konnte. Mit sinkender »Kriegsgefahr« wurden Strecken zu den Grenzbahnhöfen elektrifiziert, wo nun nicht kompatible Oberleitungsnetze aufeinander trafen. Der vermeintliche Vorteil wandelte sich in einen Nachteil, der nicht mehr zu beheben war.

Die einzige Lösung war ein Lokwechsel. Dies war aber nur mit dem Verschub der Elloks unter dem »falschen« Stromsystem durch Dieselloks oder durch umschaltbare Fahrleitungsabschnitte möglich.

Um diesem Umstand abzuhelfen, begann die Bundesbahn Anfang der 1960er-Jahre mit der Entwicklung und Erprobung von Mehrsystem-Elloks der Baureihen E 320 (ab 1968: 182) und E 344 (ab 1968: 183). Der zunehmende Verkehr zwischen Deutschland, Belgien, den Niederlanden und Frankreich konnte aber mit diesen vier Loks nicht abgewickelt werden. Deshalb kaufte die Bundesbahn 1967 und 1968 neun, nahezu baugleiche Lokomotiven. Vier von ihnen waren Zweisystem-Loks E 310 (ab 1968: 181), fünf Viersystem-Loks E 410 (ab 1968: 184). Die E 310 waren für Wechselspannungen mit 16 $^{2}/_{3}$ Hz,15 kV (DB) und 50 Hz, 25 kV (CFL, SNCF) ausgelegt. Sie hatten zwei Stromabnehmer. Die E 410 konnten zusätzlich noch mit Gleichspannungen 1,5 kV (NS) und 3 kV (CFL, SNCB) gespeist werden. Sie waren an den vier Stromabnehmern zu erkennen.

Die als »Europa-Lokomotive« bezeichneten E 410 wurden für ihre Einsätze nach Belgien zunächst in Köln beheimatet. Wegen technischer Probleme wurde der Gleichspannungsteil stillgelegt und die 184 nach Saarbrücken umbeheimatet, um dort zusammen mit den 181 nach Frankreich zu fahren. Mit der Beschaffung der Baureihe 181² wurden die Vorserienloks mehr und mehr in den Güterzugdienst abgedrängt und bei Schäden abgestellt.

Baureihe	**E 310, E 410 (181⁰, 181¹, 184)**
Radsatzfolge	**Bo'Bo'**
Länge über Puffer	**19.560 mm*, 16.950 mm****
Treibraddurchmesser	**1.250 mm**
Radsatzstand	**12.100 mm**
Höchstgeschwindigkeit	**150 km/h**
Leistung	**4 x 810 kW**
Dienstmasse	**84 t**
Indienststellung	**1967–1968**
Anzahl	**4*, 5****

*** Baureihe 181, ** Baureihe 184**

Baureihe 181^2

Im Jahr 1973 elektrifizierte die Deutsche Bundesbahn die Moselstrecke zwischen Koblenz, Tier und Apach und schuf so eine elektrifizierte Verbindung zwischen dem luxemburgischen, dem französischen und dem deutschen Netz. Um auf dieser Verbindung auch durchgehende Züge mit Elloks einsetzen zu können, wurden Zweisystem-Maschinen benötigt, die mit 16 $^{2}/_{3}$ Hz, 15 kV und 50 Hz, 25 kV betrieben werden konnten.

Aufbauend auf die Erfahrungen mit den Baureihen 181 und 184 entwickelten Krupp und AEG ein Fahrzeug, das den damals neuesten Erkenntnissen entsprach.

Mit der geringen Bauhöhe entsprechen die Loks den ausländischen Lichtraumprofilen. Lüfter und Maschinenraumfenster die in die Dachrundung übergehen verleihen den als 181^2 eingereihten Loks ein eigenwilliges Aussehen. Der fünfteilige Aufbau in geschweißter Aluminiumbauweise bestand aus den beiden fest mit dem Rahmen verbundenen Führerräumen und den drei abnehmbaren Hauben. Von der Baureihe 111 stammten die neu gestalteten Lokführertische.

Die charakteristischen Längssicken gaben den Loks ein elegantes Aussehen. Der selbsttragende Brückenrahmen stützte sich über Flexicoilfedern auf den Drehgestellen ab. Die Drehgestelle bestanden aus Hohlprofilen und Blechen. Die rollengelagerten Radsätze wurden in Lemniskatenlenkern geführt. Das Antriebskonzept mit dem Siemens-Gummiring-Kardanantrieb ähnelte dem der Baureihe 103. Die Steuerung der Fahrmotoren erfolgte über eine halbgesteuerte Gleichrichter Brückenschaltung als Anschnittsteuerung. Der ölgekühlte Transformator in Zweischenkelbauweise hatte einen zwangsweisen Ölumlauf. Es wurden wieder die in der Baureihe $181^{0,1}$ verwendeten Mischstrommotoren verbaut.

Für die unterschiedlichen Oberleitungssysteme waren die Stromabnehmer mit passenden Schleifstücken ausgestattet. Während ein Stromabnehmer ein Schleifstück nach DB-Norm hatte, war der zweite für Fahrleitungen der SNCF und CFL geeignet. Obwohl vier Plätze für Stromabnehmer vorhanden waren, wurden nur die beiden inneren genutzt. Einmalig war die Taufe von drei Loks im Oktober 1976. 181 211 bekam den Namen »Lorraine«, 181 212 »Luxembourg« und 181 213 »Saar«. Später kam noch 181 214 »Mosel« hinzu.

Anfang Juli 1974 konnte die 181 201 fertig gestellt und an die Bundesbahn ausgeliefert werden. Kurz darauf folgten die 181 201 und 202. Während die 181 201 und 202 zunächst zu Testfahrten und Untersuchungen genutzt wurden,

ging die 181 203 zur Personalschulung nach Saarbrücken. Außer der Abnahme durch die Bundesbahn mussten die Maschinen für den 50-Hz-Betrieb auch von den SNCF (französische Eisenbahnen) bzw. den CFL (luxemburgische Eisenbahnen) abgenommen werden.
Die Loks kamen ins Betriebswerk Saarbrücken und waren alle dort während ihrer gesamten Bundesbahnzeit beheimatet. Sie wurden zunächst nach Koblenz und später auch grenzüberschreitend eingesetzt. Zu den Starleistungen gehörten der TEE50/15 »Goethe« sowie der D 252/253 (Koblenz – Metz/Frankreich). Ab Frühjahr 1975 wurde dann auch Luxemburg angefahren. Im Winter 1975/76 liefen zwei Maschinen von Offenburg aus mit dem D 264/265 »Mozart« zwischen Stuttgart und Kehl. Im Sommer 1980 stand mit dem TEE 8/9 »Albert Schweizer« wieder eine Toppleistung auf dem Programm. Aber auch Güterzüge gehörten zu ihren Aufgaben. Ab 1981 standen dann auch IC-Züge von und nach Frankfurt/Main in den Plänen den 181. Ab Sommer 1988 wurde planmäßig zwischen Heidelberg und Heilbronn gefahren. Im Sommer 1990 übernahm die Baureihe die Bespannung der InterRegio-Züge auf der Linie 26 auf dem Abschnitt Stuttgart – Saarbrücken. Wegen der Schnellfahrstrecke zwischen Mannheim und Stuttgart wurden sie aber nur ein Jahr später von den neuen Lokomotiven der Baureihe 120 abgelöst. Zu Beginn des Jahres 1994 gingen dann alle 25 Maschinen in den Bestand der Deutschen Bahn AG über.

Baureihe	**181^2**
Radsatzfolge	**Bo'Bo'**
Länge über Puffer	**17.940 mm**
Treibraddurchmesser	**1.250 mm**
Radsatzstand	**12.000 mm**
Höchstgeschwindigkeit	**160 km/h**
Leistung	**4 x 825 kW**
Dienstmasse	**82,5 t**
Indienststellung	**1974–1975**
Anzahl	**25**

Baureihe E 320 (ab 1968: BR 182)

Im Jahr 1960 erfolgte in Forbach der Lückenschluss bei der Streckenelektrifizierung zwischen der Deutschen Bundesbahn und SNCF. Allerdings konnten DB-Elloks nicht direkt nach Frankreich fahren, weil beide Länder unterschiedliche Stromsysteme benutzen. Die Bundesbahn ließ deshalb ihre ersten Zweisystem-Lokomotiven entwickeln. Vorgabe war, dass sich der mechanische Teil an die gleichzeitig gelieferte Baureihe E 40 anlehnen sollte. Allerdings mussten die Loks wegen des kleineren französischen Lichtraumprofils um 320 mm niedriger ausgeführt werden. 1960 entstanden drei ähnliche Loks. E 320 01 kam von Krupp und AEG, E 320 11 fertigten Henschel und Brown, Boveri & Cie (BBC) und E 320 21 stammte von Krauss-Maffei und den Siemens-Schuckert-Werken (SSW).
Die Loks bekamen nach den Wünschen des BZA Minden einen Tatzlagerantrieb und sechspolige Gleichstrom-Reihenschlussmotoren vom Typ SAB 570 und luftgekühlte Gleichrichter.
Alle Maschinen Loks waren immer in Saarbrücken zu Hause und wurden im dortigen Grenzgebiet im Reise- und Güterzugdienst eingesetzt. Gelegentlich kamen sie bis nach Kaiserslautern. 1968 wurden sie in 182 umgezeichnet. Zwischen 1977 und 1982 schieden alle drei aus dem Bestand aus.
AEG kaufte die 182 001 zurück und baute sie zu einer Versuchsmaschine für den Drehstromantrieb um. Dabei wurde sie fest mit einem Steuerwagen gekuppelt, weil ein Führerraum in einen Messraum umgebaut worden war. Die Lok war zwar wieder in Saarbrücken zu Hause, fuhr aber im Raum München. Sie wurde sogar von der Deutschen Bundesbahn angemietet und auf der S 27 mit einem Wendezug im Plandienst eingesetzt. Ende 1989 gingen die Versuche zu Ende und 182 001 wurde ein zweites Mal abgestellt.

Baureihe	E 320 (182)
Radsatzfolge	Bo'Bo'
Länge über Puffer	16.440 mm
Treibraddurchmesser	1.250 mm
Radsatzstand	11.300 mm
Höchstgeschwindigkeit	120 km/h
Leistung	4 x 665 kW*, 4 x 625 kW**, 4 x 637 kW***
Dienstmasse	83,7 t*, 81,5 t**, 83,7 t***
Indienststellung	1960
Anzahl	3

* 182 001, ** 182 011, *** 182 021

Baureihe E 344 (ab 1968: BR 183)

Durch die Umstellung der Höllentalbahn von 20 kV, 50 Hz auf die üblichen 15 kV, 16 $^{2}/_{3}$ Hz im Jahr 1960 konnte die Deutsche Bundesbahn die Loks dieser Strecke nicht mehr einsetzen. Weil aber in Saarbrücken Zweisystem-Maschinen gebraucht wurden, entschloss sie sich zum Umbau der auf der E 44 basierenden E 244.

E 244 22 wurde in E 44 189 umgebaut. Ihre Fahrmotoren, sowie der Rahmen und die Drehgestelle der E 244 21 wurden für E 344 01 benötigt. Der Aufbau wurde aus einem Kasten der E 41 abgewandelt und an das Untergestell angepasst. Dabei musste das französische Umgrenzungsprofil beachtet werden. Die an den Drehgestellen befestigten Kupplungen und Puffer gaben der Lok ein ganz eigenes Aussehen.

AEG lieferte die elektrische Ausrüstung, die ebenfalls auf der E 41 basierte. Der Transformator wurde direkt aus den Beständen für die E 41 entnommen. Den Zusammenbau übernahm das Ausbesserungswerk München-Freimann. Die Lok hatte Wechselstrommotoren die direkt ohne vorgeschaltete Gleichrichter mit 16 $^{2}/_{3}$ Hz und 50 Hz gespeist werden konnten. Allerdings ließ das Anfahrverhalten im 50 Hz-Betrieb zu wünschen übrig. Auch die geringe Höchstgeschwindigkeit von nur 100 km/h wirkte sich nachteilig im Betrieb aus. Die Lok kam nach Saarbrücken und wurde im Personen- und Güterzugdienst nach Forbach und Thionville sowie zwischen Überherrn und Saarbrücken-Schleifmühle eingesetzt. Erreichte ab er kaum mehr als etwa 5.000 Kilometer pro Monat. Nach zwei kurz hintereinander aufgetretenen Motorschäden und einem Unfall im August 1968 wurde die ab 1968 als 183 001 bezeichnete Maschine im Sommer 1969 ausgemustert. Sie stand noch längere Zeit im AW München-Freimann und wurde im September 1972 in München-Feldkirchen verschrottet.

Baureihe	**E 344 01 (183 001)**
Radsatzfolge	**Bo'Bo'**
Länge über Puffer	**16.440 mm**
Treibraddurchmesser	**1.250 mm**
Radsatzstand	**10.260 mm**
Höchstgeschwindigkeit	**100 km/h**
Leistung	**4 x 600 kW**
Dienstmasse	**80,5 t**
Indienststellung	**1962**
Anzahl	**1**

Baureihe E 94 (ab 1968: BR 194, 194⁵)

Für den schweren Güterzugdienst hatte die Deutsche Reichsbahn in den 1930er-Jahre nur alte Maschinen mit Stangenantrieb und die 18 relativ modernen Exemplare der Baureihe E 93 im Bestand. Diese Loks waren aber den gestiegenen Zuggewichten und den höheren Geschwindigkeiten von Güterzügen nicht mehr gewachsen.

Die technische Entwicklung machte es möglich, höhere Leistungen einbauen zu können. Die Reichsbahn änderte daraufhin ihren Auftrag über die E 93 und ließ die Baureihe E 94 entwickeln.

Die ersten Maschinen kamen im Mai 1940 auf die Gleise. Als kriegswichtig eingestuft bestellte die Reichsbahn insgesamt 285 Exemplare, die aber nicht alle geliefert werden konnten. Nach dem Krieg gab es zahlreiche angearbeitete Maschinen und viele Einzelteile. Daraus fertigt die Bundesbahn die E 94 139 bis E 94 142 und die E 94 160 bis E 94 196. Mit diesen Loks konnte aber der Bedarf noch nicht gedeckt werden und die E 50 stand noch nicht zur Verfügung. Deshalb erteilte die Bahn den Auftrag zum Bau weiterer, stärkerer und schnellerer E 94. Sie wurden E 94 262 bis 285 eingereiht. Die E 94 141 und 142 bekamen versuchsweise eine Hochspannungssteuerung von BBC, die E 94 270 und 271 eine solche von SSW. Ab 1968 liefen die Loks als 194⁵. Die Maschinen waren unter anderem in Aschaffenburg, Nürnberg und Würzburg zu Hause und auf den dortigen Steilrampen auch als Schubloks unterwegs. Dazu bekamen einige sogar ein vom Führerstand aus schaltbares rotes Schlusslicht eingebaut. Die letzten Maschinen blieben bis 1988 im Bestand, danach endete der 194-Einsatz bei der Bundesbahn.

Als einzige Maschine ihrer Baureihe wurde 194 178 ozeanblau/beigefarben lackiert, was der Lok aber nicht so gut zu Gesicht stand.

Baureihe	**E 94 (194)**
Radsatzfolge	**Co'Co'**
Länge über Puffer	**18.600 mm**
Treibraddurchmesser	**1,250 mm**
Radsatzstand	**13.700 mm**
Höchstgeschwindigkeit	**100 km/h**
Leistung	**4.680 kW**
Dienstmasse	**121 t**
Indienststellung	**1954-1956**
Anzahl	**21 (E 94.0) + 24 (E 94.2)**

DB
218 105-5

Baureihe 201

Um den Anschluss an die internationale Konkurrenz auf dem Gebiet dieselelektrisch angetriebener Lokomotiven nicht zu verlieren, entwickelte die deutsche Industrie immer wieder auf eigene Kosten Versuchsfahrzeuge, die sie dann der Deutschen Bundesbahn für Untersuchungen zur Verfügung stellte. Die Bundesbahn hatte sich schon recht bald für den hydraulischen Antrieb entschieden und bestellte deshalb keine dieselelektrischen Loks.

Zu den dieselelektrischen Maschinen gehörte aber die 1963 von Krupp in Essen und der AEG gebaute vierachsige Streckenlok vom Typ ME 1500. Die Maschine ähnelte mit ihrem großen Führerstand der DB-Baureihe V 100, allerdings befand sich dieser sehr weit an einem Lokende. An den Dieselmotor war ein Drehstrom-Generator angeflanscht, der die elektrische Energie für die Fahrmotoren lieferte. Zunächst war zwischen Motor und Generator ein Getriebe eingebaut, dieses bewährte sich nicht und wurde deshalb wieder entfernt. Die Lok wurde dabei von ME 1500 in DE 1500 umbenannt.

Während ihrer Zeit bei der Bundesbahn ab 1966 war die blau/weiß lackierte Maschine als 201 001 eingereiht und in den Betriebswerken Soest, Hagen-Eckesey und Hamm stationiert. Im Sommer 1969 endete der Mietvertrag und die Lok kam wieder zum Hersteller zurück. Der gab sie an die Westfälische Landes-Eisenbahn (WLE) weiter. Sie kaufte die Lok und reihte sie als DE 0901 in ihren Bestand ein. 1981 wechselte die Maschine abermals den Besitzer und kam zur Deutschen Eisenbahn-Gesellschaft (DEG), die die Lok unter der Nummer VE 151 bei der Teutoburger Wald Eisenbahn (TWE) einsetzte. Im Juni 1983 ging sie bis Frühjahr 1990 zur Farge-Vegesacker Eisenbahn. Danach kam sie zur TWE zurück und wurde über einen Lokhändler an die Schweizer SOB verkauft. Dort bekam sie einen neuen Dieselmotor und eine neue Bremsanlage und tat als Am 846 461 bzw. Am 846 033 bis 2014 ihren Dienst. Danach ging sie an die die Swiss Rail Traffic AG in Glattbrugg, Schweiz.

Baureihe	**201**
Radsatzfolge	**Bo'Bo'**
Länge über Puffer	**14.390 mm**
Treibraddurchmesser	**1.040 mm**
Radsatzstand	**9.600 mm**
Höchstgeschwindigkeit	**100 km/h**
Leistung	**1.030 kW**
Dienstmasse	**63 t**
Indienststellung	**1966**
Anzahl	**1**

Baureihe 202

Neben der 201 001 von Krupp und AEG mietete die Deutsche Bundesbahn auch dieselelektrisch angetriebene Lokomotiven anderer Hersteller an. Dazu gehört die von Henschel in Kassel und SSW gebaute DE 2000. Die vierachsige Streckenlok mit zwei Endführerständen wurde 1962 auf der Hannover-Messe erstmals gezeigt und erregte mit ihrem futuristischen Aussehen das Interesse der Besucher. Im Oktober desselben Jahres mietete die Bundesbahn die Maschine an und beheimatete sie zunächst im Bw Köln-Nippes. Später ging sie an die Werke in Hamm und Lübeck. Dort war sie zusammen mit Loks der Baureihen V 160 und V 200 im Einsatz. Ab 1968 wurde sie als 202 001 in den Listen geführt, allerdings war diese Nummer nie an der Lok angeschrieben. Nach dem Ende der Mietdauer gab die Bundesbahn die Lok 1969 an Henschel zurück. Kurz darauf wurde sie von der Westfälischen Landes- Eisenbahn (WLE) als DE 0902 übernommen. Durch eine Überlastung der Fahrmotoren wurde die Maschine im Oktober 1977 so stark beschädigt, dass sie abgestellt werden musste. Weil aber eine Reparatur zu teuer gewesen wären, wurde sie 1978 nach dem Ausbauen des Dieselmotors verschrottet.

Auch Henschel und BBC bauten auf eigenes Risiko Anfang der 1970er-Jahre drei dieselelektrische Großdieselloks. Die als DE 2500 bezeichneten Maschinen unterschieden sich von den bisherigen Dieselloks der Bundesbahn. Der modulare Aufbau erlaubte die Verwendung unterschiedlicher Drehgestelle. Sogar eine schmalspurige Ausführung mit einer Spurweite von nur 1.000 mm war geplant, wurde aber nicht gebaut.

Um Erfahrungen mit dieselelektrischen Triebfahrzeugen zu sammeln, mietete die Deutsche Bundesbahn die drei Maschinen an und reihte sie als 202 002 bis 202 004 in ihren Bestand ein. 202 002 hatte dreiachsige Drehgestelle und wurde wegen ihres weißen Anstrichs schnell als »Weißer Riese« bekannt. Die blaue 202 004 war ebenfalls sechsachsig und wurde bald »Blauer Bock« genannt. 202 003 mit ihrem orangefarbenen Kasten repräsentierte die vierachsige Version. Sie bekam den Spitznamen »Roter Ochse«.

Nachdem 202 003 im Jahr 1971 auf der Hannovermesse 1971 präsentiert worden war kam sie nach Mannheim und wurde umfassend getestet. 1973 folgten die beiden anderen Loks. 1974 wurde 202 002 zur elektrischen Lokomotive mit Drehstromantrieb umgebaut. Dafür wurden Dieselmotor und Generator ausgebaut und durch ein Ballastgewicht ersetzt. Weil die Lok keine Stromabnehmer und keinen Transforma-

tor hatte, wurde sie mit einem Steuerwagen gekuppelt, in den alle notwendigen Aggregate eingebaut worden waren. Der Steuerwagen war über einen Stromabnehmer mit der Fahrleitung verbunden und lieferte über eine Kabelverbindung Strom für in die Lok.

1977 wurde das Fahrzeug zur kompletten Elektrolok umgebaut und kam, nun mit gelbem Kasten und Dachstromabnehmern, als 1600 P zu den Niederländischen Eisenbahnen (NS). Nach dem Ende der Versuche wurde sie an den Hersteller zurückgegeben, äußerlich in den weißen Ursprungszustand zurückversetzt und im Werkshof in Kassel als Konferenzraum aufgestellt.

In Vorbereitung auf die Einführung eines Hochgeschwindigkeitsverkehrs auf deutschen Schienen wurde 202 003 im Jahr 1980 grundlegend umgebaut. Führerstand 1 wurde bei diesem Umbau stromlinienförmig verkleidet und das von Henschel neu entwickelte, vordere Drehgestell hatte eine steuerbare Umkopplung der Antriebsmassen (UMAN). Bei höheren Geschwindigkeiten soll das System dafür sorgen, dass die ungefederten Massen, die einen unruhigen Lauf verursachen, reduziert werden. Dieses Prinzip wurde später beim ICE umgesetzt. Das Drehgestell ermöglichte Geschwindigkeiten von bis zu 350 km/h. Nach dem Ende der Versuche wurde 202 003 wieder zurückgebaut und bis Juni 1985 von Mannheim aus eingesetzt. Nach dem Mietende kam sie ins Museum für Verkehr und Technik in Berlin, wo sie wieder mit Stromschale besichtigt werden kann.

202 004 hatte im Jahr 1983 kurz vor Ende der Mietzeit einen Generatorschaden und ging zurück an den Hersteller. Dort wurde sie repariert und an die Hersfelder Eisenbahn vermietet.

Sie steht heute im »Technoseum« in Mannheim.

Baureihe	**202 (DE 2500)**
Radsatzfolge	**Bo'Bo'*, Co'Co'****
Länge über Puffer	**18.000 mm**
Treibraddurchmesser	**1.080 mm**
Radsatzstand	**13.600 mm**
Höchstgeschwindigkeit	**140 km/h**
Leistung	**1.840 kW**
Dienstmasse	**82 t**
Indienststellung	**1972–1973**
Anzahl	**3**
*** 202 003**	
**** 202 002, 202 004**	

Baureihe V 100 (ab 1968: BR 211, 212, 213)

Das in den 1950er-Jahren von der Bundesbahn aufgestellte Typenprogramm für Dieselloks sollte das gesamte Einsatzspektrum vom leichten Strecken- und Verschiebedienst bis zum schweren Schnellzugdienst mit fünf Baureihen abdecken. Die vierachsige, von der Maschinenfabrik Kiel (MaK) zusammen mit der Bundesbahn entwickelte V 100 war dabei für den Nebenbahndienst vorgesehen.

Der Aufbau der Lokomotive setzte sich aus den beiden schmalen Vorbauten und einem mittig angeordneten Führerhaus zusammen. Sie saßen auf einem stabilen Rahmen. Wartungsklappen und Türen in den Vorbauten ermöglichten den Zugang zu den Aggregaten. Unter dem langen Vorbau waren der Fahrdieselmotor mit der Auspuffanlage, der Lüfter und der Wärmetauscher für das Kühlwasser zu finden, unter dem kurzen hatten die Heizanlage, der Speisewasserbehälter und ein zusätzlicher Kraftstofftank ihren Platz gefunden.

Der Aufbau stützte sich über Schraubenfedern auf den beiden zweiachsigen Drehgestellen ab und war über Rohrstutzen mit diesen verbunden. Zwischen den Drehgestellen hing der große Kraftstoffbehälter unter dem Führerhaus.

Der 16-Zylinder-Motor übertrug seine Leistung über ein hydrodynamisches Getriebe mit zwei Drehmomentwandlern, eine elastische Strömungskupplung und eine elastische Kupplung, das hydraulische Stufengetriebe und Gelenkwellen auf die Radsätze. Dieser Gelenkwellenantrieb ermöglichte einen kurzen Radsatzstand. Eine Dampfheizung erwärmte das Kühlwasser und angehängte Reisezugwagen. Ein Hilfsdiesel versorgte über einen Generator die elektrischen Verbraucher.

Ab Ende 1958 konnten V 100 001 bis 006 (später V 100 1001 bis 1006) der Bundesbahn übergeben werden. Sie waren mit dem 1.100 PS-Dieselmotor (810 kW) ausgestattet, der auch in die V 200 und in den VT 11 eingebaut wurde. V 100 1006 bekam 1960 versuchsweise einen Motor mit einer Leistung von 1.350 PS (993 kW). V 100 1001 bis V 100 1005 wurden zunächst erprobt und später in Osnabrück beheimatet. Die stärkere V 100 1006 kam zur Bundesbahnversuchsanstalt München.

Zunächst entschied sich die Bundesbahn für die schwächere Version und bestellt 364 Exemplare. Sie wurden ab Januar 1961 in den Bestand übernommen. Letzte Lok der 1.100 PS-Version war die im März 1963 abgenommene V 100 1365. Ab 1968 wurden die Loks als 211 im Nummernplan geführt.

Im Januar 1962 hatte die Bahn aber schon die ersten 1.350 PS starken Maschinen in Empfang genommen und als V 100 2002 ff eingereiht, nachdem V 100 1006 in V 100 2001 umgezeichnet worden war. Weitere Fahrzeuge folgten und im Oktober 1965 wurde mit V 100 2381 die letzte Lok dieser Baureihe übergeben. Die stärkeren Loks wurden ab 1968 als 212 bezeichnet.
Um Dampflokomotiven auf den Steilstrecken ablösen zu können, benötigte die Bundesbahn neue Dieselloks. V 100 2332 bis 2341 erhielten dafür unter anderem eine von der normalen Druckluftbremse unabhängige, hydrodynamische Bremse und ein neues Getriebe ohne hydraulische Kupplung. Die Loks wurden in Karlsruhe beheimatet und auf der Strecke von Baiersbronn nach Freudenstadt eingesetzt. Zur Unterscheidung wurden sie ab 1968 als 213 geführt. 1971 wurden sie komplett nach Gießen umbeheimatet und 1987 ging es weiter nach Koblenz (Mosel).

Mit der Eröffnung ihrer Schnellfahrstrecken nahm die Bundesbahn wegen den zahlreichen langen Tunnelabschnitten spezielle Rettungszüge in Betrieb. Sie hatten an jedem Ende eine umgebaute Lokomotive der Baureihe 212. Von außen fielen besonders die großen Scheinwerfer und die gelben Rundumleuchten ins Auge. Eine Fernsehkamera und eine Fernsteuerung ermöglichte die Bedienung der Lokomotiven Steuerung von einem Führerstand im gasdichten Transportwagen aus. Die Maschinen wurden zunächst als Baureihe 214 eingereiht, später wurden sie den Bahndienstfahrzeugen zugerechnet und als Baureihe 714 bezeichnet.
1982 konnten fünfzehn 211 an die türkische Staatsbahn TCDD vermietet und später verkauft werden. Anfang der 1990er-Jahre gingen 34 Lokomotiven an die Österreichischen Bundesbahnen ÖBB. In den 1990er-Jahren kauften vermehrt private Bahnen und Gleisbaufirmen in Frankreich und Italien die V 100 an. So halfen sie beispielsweise beim Bau des Tunnels zwischen England und Frankreich mit.

Baureihe	**V 100 (211, 212, 213)**
Radsatzfolge	**B'B'**
Länge über Puffer	**12.100 mm*, 12.300 mm****
Treibraddurchmesser	**950 mm**
Radsatzstand	**8.200 mm**
Höchstgeschwindigkeit	**100 km/h**
Leistung	**810 kW*, 993 kW****
Dienstmasse	**62 t*, 63 **t**
Indienststellung	**1958–1966**
Anzahl	**384*, 381****
* Baureihe 211	
** Baureihen 212, 213	

Baureihe V 160, V 162, V 164 (ab 1968: BR 215, 216, 217, 218)

Für den leichten Dienst auf Hauptbahnen hatte die Deutsche Bundesbahn in ihrem Typenplan aus den 1950er-Jahren, eine vierachsige, einmotorige Großdiesellok mit zwei Endführerständen vorgesehen.

Ein erster Auftrag umfasste zehn Probelokomotiven und zwischen September 1960 und April 1961 lieferte Krupp in Essen mit V 160 001 bis V 160 006 die ersten Maschinen an die Deutsche Bundesbahn aus. V 160 007 bis V 160 010 kamen zwischen September und November 1962 von Henschel in Kassel. Die ersten neun V 160 hatten eine abgerundete Frontpartie mit kurzen Vorbauten, die ihnen später den Spitznamen »Lollo« (nach der italienischen Filmschauspielerin Gina Lollobrigida) eintrugen. V 160 010 wurde im kantigen Design der V 320 geliefert, das bei allen folgenden Maschinen der »V 160-Familie« verwendet wurde. Grund für die Änderung der Frontpartie waren die Herstellungskosten, die bei der geknickten Front wesentlich niedriger lagen als bei der gerundeten.

Die zehn Loks wurden nach umfangreichen Erprobungen im Städteschnellverkehr zwischen Hamburg, Lübeck und Cuxhaven eingesetzt. Weil die V 160 mit einer Wendezugsteuerung ausgestattet waren, mussten sie bei einem Richtungswechsel nicht ans andere Zugende umgesetzt werden.

1973 wurden alle nach Gelsenkirchen umbeheimatet und im Güterverkehr verendet. Zwischen 1978 und 1984 wurden die zehn Vorserienloks ausgemustert. Die meisten verkaufte die Bundesbahn an Gleisbaufirmen in Italien. 216 002 – die Baureihe hatte 1968 die Nummer 216 bekommen – ging nach Spanien und 216 004 kam zur Teutoburger Wald-Eisenbahn. V 160 003 wurde betriebsfähige Museumslok im Bestand des Nürnberger Verkehrsmuseums.

Von Mitte 1964 bis Ende 1968 kamen V 160 011 bis 224 zur Bundesbahn. Sie hatten nur eine Dampfheizung und konnten deshalb die elektrische Heizung in Reisezugwagen nicht versorgen. Es zeichnete sich aber sich aber ab, dass sich auf Dauer die elektrische Zugheizung durchsetzen würde.

Aus diesem Grund wurden 1965 drei V 162 beschafft, die zusätzlich zum Fahrmotor einen 500 PS (367 kW) starken Dieselmotor für die elektrische Zugheizung hatten. Er trieb

über ein Zahnradgetriebe einen Drehstromgenerator an, der die Energie für die Heizung lieferte. Wurde die Heizung nicht benötigt, konnte der Motor zum Antrieb der Lok mit genutzt werden. Wegen des zusätzlichen Motors waren die Loks 400 mm länger als die V 160. Zwölf weitere 1968 gebaute Loks dieser »Zwischenserie« reihte die Bahn als 217 011 bis 022 ein.
Mitte der 1970er-Jahre wurde bei 217 001 und 217 002 die Zugheizanlage ausgebaut und stattdessen eine hydrodynamische Bremse eingebaut. Seither setzten die Bundesbahn-Zentralämter Minden und München sie als Bremslokomotiven ein. Im April 1989 wurden die Loks den Bahndienstfahrzeugen zugeordnet und in 753 001 und 002 umgezeichnet.
Inzwischen konnte auch die Leistung der Dieselmotoren auf 2.500 PS (1.838 kW) gesteigert werden, sodass die Zugheizung aus dem Fahrmotor gespeist werden konnte und gleichzeitig genügend Leistung für die Traktion zur Verfügung stand. Diese neuen Motoren wurden in die 1968 abgelieferten zwölf Vorserienlokomotiven V 164 001 bis 012 – ab 1968 Baureihe 218 – eingebaut. Parallel zu den ersten zwölf 218 wurden zehn 215 gefertigt, die wiederum nur eine Dampfheizung hatten, weil noch immer zahlreiche Reisezugwagen der Bundesbahn nur mit einer Dampfheizung ausgestattet waren. Zwischen 1969 und 1971 wurden die Serien maschinen 215 011 bis 215 150 geliefert, allerdings wieder mit den schwächeren, nur 1.900 PS (1.397 kW) leistenden Dieselmotoren. Nur die 215 071 bis 093 und letzten 20 Maschinen wurden den 2.500 PS starken Motor bestückt. Um die Loks auch nach der Ausmusterung der dampfgeheizten Wagen sinnvoll nutzen zu können, wurde Platz für die elektrische Heizung frei gehalten. Die 215 030 bis

Baureihe	**V 160 (216)**
Radsatzfolge	**B'B'**
Länge über Puffer	**16.000 mm**
Treibraddurchmesser	**1.000 mm**
Radsatzstand	**11.400 mm**
Höchstgeschwindigkeit	**120 km/h**
Leistung	**1.397 kW**
Dienstmasse	**74 t*, 77 t****
Indienststellung	**1960–1968**
Anzahl	**224**
* 216 001–216 010	
** 216 011 ff	

032 bekamen bei AW-Aufenthalten diese Heizung. Ein serienmäßiger Umbau fand jedoch nicht statt.
Direkt nach dem Ende der 215-Fertigung begann die Auslieferung der Baureihe 218 mit elektrischer Zugheizung. Von 1971 bis 1979 wurden 398 Serienlokomotiven gebaut. 218 399 entstand 1975 durch Umbau aus der 215 112, die bei einem Unfall schwer beschädigt worden war.
218 217 und 218 218 waren die ersten Vertreter einer neuen Farbgebung bei der Bundesbahn. Die 1974 von Krupp gelieferten Maschinen hatten einen cremefarbenen Lokkasten, der

bei 218 217 durch rote Streifen und ein rotes Dach begrenzt war. 218 218 hatte die gleiche Farbaufteilung, nur wählte man hier statt Rot die Farbe Ozeanblau. Weil es sich zunächst nur um einen Versuchsanstrich handelte, wurden die anderen Maschinen wie die Vorgänger wieder mit rotem Kasten und grauem Dach geliefert. Während sich der Anstrich der 281 217 nicht durchsetzen konnte, wurde 218 218 zur Vorreiterin für zahlreiche Exemplare der V-160-Familie.

Ab der ersten Hälfte der 1980er-Jahre bot die Bundesbahn zwischen Köln und Gummersbach ihre neuen »CityBahn«-Züge an. Diese bestanden aus umgebauten und neu lackierten ehemaligen »Silberlingen«, die von ebenfalls neu lackierten Loks der Baureihe 218 befördert wurden.

Der Einsatz der grau/orangefarbenen 218 134, 135, 137, 140, 142 bis 146 und 148 dauerte dort bis 1990.

Baureihe	**V 162, V 164 (215, 217, 218)**
Radsatzfolge	**B'B'**
Länge über Puffer	**16.400 mm**
Treibraddurchmesser	**1.000 mm**
Radsatzstand	**11.400 mm**
Höchstgeschwindigkeit	**140 km/h**
Leistung	**1.397 kW*, 1.427 + 386** kW, 1.838 kW*, 2.061 kW*** **
Dienstmasse	**79,5 t*, 80,8 t**; 80 t*** **
Indienststellung	**1965–1979**
Anzahl	**150*, 15**, 411*** **
* Baureihe 215	
** Baureihe 217	
*** Baureihe 218	

Baureihe V 169 (ab 1968: BR 219, 210)

Bevor Deutsche Bundesbahn Mitte der 1950er-Jahre ihr Typenprogramm für Diesellokomotiven aufstellte, prüfte sie auch unterschiedliche Antriebssysteme. Deshalb war die Schweizer Am 4/6, Nummer 1101 mit Gasturbinenantrieb von Juni bis November 1950 zu Gast in Deutschland. Sie wurde von Treuchtlingen aus eingesetzt. Nach den Untersuchungen entschied sich die Bahn aber gegen diese Antriebsart, nicht zuletzt wegen der elektrischen Kraftübertragung, gegen die sie sich ebenfalls entschieden hatte.
Während der Fertigung der V 160 mit Dampfheizung zeichnete sich schon ab, dass die elektrische Heizung über kurz oder lang diese Heizungsart verdrängen würde. Die Energie, die von der elektrischen Heizung für ihren Generator gebraucht wird, sollte aber nicht von der Traktionsleistung abgehen. Abhilfe konnten ein Zusatzmotor oder ein Traktionsmotor mit höherer Leistung schaffen. Neben den Ausführungen mit Zusatz-Dieselmotor (V 162, ab 1986: 217) oder höherer Traktionsleistung (V 164, ab 1968: 218) entschied sich die Bahn auch für eine Variante mit zusätzlicher Gasturbine zur Leistungssteigerung. Allerdings wurde die Heizung nicht direkt aus der Turbine gespeist, sondern über einen Generator aus dem Dieselmotor, den die Turbine dann bei Spitzenbelastung unterstützte. War die Heizung nicht in Betrieb, konnte die komplette Leistung der Lok zur Traktion genutzt werden.
Die V 169 001 wurde 1965 auf der internationalen Verkehrsausstellung in München gezeigt und dann in Kempten beheimatet, von wo aus sie in den Laufplänen der Baureihe V 200[1] (ab 1968: 221) schwere Schnellzüge auf der Allgäubahn beförderte. Nach einem Schaden der Turbine wurde diese 1974 ausgebaut und die 219 001, wie die Loks seit 1968 hieß, von Gelsenkirchen aus im Güterverkehr abgefahren, denn um den Leistungsverlust der Turbine zu kompensieren, hatte die Bahn die Heizung stillgelegt. Somit war ein Einsatz vor Reisezügen kaum mehr möglich. 1978 wurde der Einzelgänger ausgemustert und nach Italien verkauft.
Aufbauend auf den Erfahrungen mit der 219 001 beauftragte das BZA München Krupp in Essen mit dem Bau von acht weiteren Maschinen mit zusätzlicher Gasturbine. Die Baureihe 210 hatten einen 1.840 kW starken Traktionsmotor und leistete zusammen mit der 845 kW starken Turbine Typ AVCO-Lycoming T 53-L-13 beinahe 2.700 kW. Mit einer Höchst-

geschwindigkeit von 160 km/h waren sie die schnellsten und stärksten vierachsigen Dieselloks der Bundesbahn. Die Loks hatten neu entwickelte Drehgestelle mit einer gleitstücklosen Kastenabstützung und Gummischichtfedern. Außerdem war eine hydrodynamische Bremse eingebaut.

210 001 und 210 002 wurden ab Oktober 1970 einem umfangreichen Messprogramm unterzogen. Später gelangten sie zusammen mit den anderen sechs Maschinen zum Bw Kempten und wurden zusammen mit der 219 001 und der 232 001 auf der Allgäubahn eingesetzt. Zu den Spitzenleistungen gehörte dabei der TEE 66/67 »Bavaria« zwischen Lindau und München. Mit ihren 160 km/h waren die Loks perfekt für die TEE-Züge geeignet. Allerdings waren sie im Betrieb sehr laut und es häuften sich Klagen von Anwohnern und Reisenden, die das hohe und laute Pfeifen der Turbine unangenehm fanden. Außerdem zeigte sich, dass die Temperaturen der Abgase der Turbine mit bis zu 450° C so hoch waren, dass Fahrleitungen beschädigt wurden. Abhilfe brachte hier eine große Hutze auf dem Dach, die die Abgase an der Fahrleitung vorbei führte.

Der ständig wechselnde Betrieb mit häufigen Starts und Abschaltungen tat den Turbinen nicht gut, denn sie sind eher für einen gleichmäßigen Dauerbetrieb konstruiert. Deshalb traten Ende der 1970er-Jahre die ersten größere Probleme mit den Turbinen auf. Immer wieder kam es zu schweren Schäden und nach einem Brand in der 210 008 im Dezember 1978 wurden alle Turbinen stillgelegt, später ausgebaut und durch Ballastgewichte ersetzt. Die Höchstgeschwindigkeit musste auf 140 km/h heruntergesetzt werden und die Loks wurden in 218 901 bis 218 908 umgezeichnet. 1983 wurden sie nach Braunschweig umbeheimatet und in den Plänen der »normalen« 218 eingesetzt. Dort gingen dann alle acht Exemplare Anfang 1994 an die Deutsche Bahn AG über.

Baureihe	**V 169 (219, 210)**
Radsatzfolge	**B'B'**
Länge über Puffer	**16.400 mm**
Treibraddurchmesser	**1.000 mm**
Radsatzstand	**11.400 mm**
Höchstgeschwindigkeit	**130 km/h*, 160 km/h****
Leistung	**1.620 + 660 kW *, 1.840 + 845 kW****
Dienstmasse	**78 t*, 80 t****
Indienststellung	**1965*, 1970****
Anzahl	**1*, 8****
*** 219 001**	
**** Baureihe 210**	

Baureihe V 200 (ab 1968: BR 220, 221)

Weil es in den 1950er-Jahren noch keinen Motor gab, der eine Leistung von 2.000 PS (1.471 kW) erbringen konnte, sah das Typenprogramm der Deutschen Bundesbahn hierfür zweimotorige Diesellokomotiven vor. Die vierachsigen Maschinen der Baureihe V 200⁰ sollten im mittelschweren Dienst alte Dampflokomotiven vor Reise- und Güterzügen auf Hauptbahnen ablösen.

Krauss-Maffei arbeitete die Pläne aus und griff dabei auf Erfahrungen mit der Baureihe V 80 zurück. Zwischen November 1953 und Februar 1954 nahm die Bundesbahn die ersten fünf Probemaschinen ab. Zuvor war V 200 001 auf der Verkehrsausstellung in München gezeigt worden. Im April 1955 trat V 200 005 eine Rundfahrt durch Jugoslawien, Griechenland und die Türkei an. Nach einer Strecke von 10.000 km traf sie im Mai 1955 wieder in Deutschland ein.

Im Probebetrieb zeigte sich, dass die Motorleistung der fünf Maschinen mit 2 x 1.000 PS (2 x 735 kW) nicht ausreichte, deshalb bestellte die Bundesbahn die Serienmaschinen mit einer Leistung von 2 x 1.100 PS (2 x 810 kW).

1955 wurde eine erste Serie bestellt. Die Maschinenbau Kiel (MaK) lieferte V 200 006 bis 026, von Krauss- Maffei kamen V 200 027 bis 055. 1957 folgte der zweite Auftrag und bis 1959 wurden insgesamt 86 Exemplare der V 200⁰ gebaut.

Schon während des Baus deutete sich ein Bedarf an Dieselloks mit höherer Leistung an. Die Bundesbahn ließ die V 200⁰ deshalb weiterentwickeln und es entstand eine Maschine mit 2 x 1.350 PS (2 x 990 kW). Das höhere Gewicht der stärkeren Motoren und Getriebe wurde durch die leichtere Bauweise des Kastens ausgeglichen, sodass die als V 200¹ bezeichneten Maschinen genauso schwer waren wie ihre Vorgänger. Die Lieferung begann im November 1962 und endete mit V 200 150 im September 1965. Danach wandte sich die Bahn von zweimotorigen Dieselloks ab und forcierte die Entwicklung einmotoriger Maschinen.

Während V 200 001 zu Versuchszwecken zunächst dem BZA München zugeordnet wurde, kamen die restlichen Loks direkt in den Plandienst. Heimatbetriebswerke waren unter anderem Frankfurt-Griesheim und Hamburg-Altona, von wo aus die Loks im hochwertigen Reisezugdienst eingesetzt wurden. So waren sie im »blauen« F-Zug Netz (wegen der blauen Reisezugwagen) vor dem F 10/9 »Rheingold« oder F 55/56 »Blauer Enzian zu sehen«. Die fortschreitende Elektrifizierung verdrängten die V 200 mehr und mehr aus diesen hochwertigen

Diensten und an ihre Stelle trat die Baureihe E 10.

Mit der Veränderung der Aufgaben traten auch Umbeheimatungen ein und Anfang der 1960er-Jahre tauchten die ersten Loks im Allgäu auf. Dort waren sie beispielsweise auf der Südbahn zwischen Ulm und Friedrichshafen sowie zwischen München und Lindau unterwegs.

Zur Erprobung der automatischen Mittelpufferkupplung war V 200 038 zwischen 1966 und 1969 mit solchen Kupplungen ausgestattet.

Ab Mitte der 1970er-Jahre waren die Loks der Baureihe 220 – wie die V 200^0 seit 1968 hieß – in Braunschweig, Lübeck und Oldenburg zu Hause. Später wurden sie in Oldenburg zusammengezogen, wo 1984 die letzte 220 ausgemustert wurde.

Bereits 1977 konnten fünf Loks an die Firma Heitkamp verkauft werden, die sie zum Gleisbau in Saudi-Arabien nutzte. Weitere Exemplare fanden bei italienischen Privatbahnen eine neue Heimat. Die Schweizerischen Bundesbahnen kauften sieben Exemplare an und bezeichneten Sie als Am 4/4.

Die V 200^1 waren in Kempten, Lübeck, Villingen und Hamburg-Altona stationiert und im schweren Schnellzugdienst unter anderem auf der Allgäubahn und der Vogelflug-Linie zwischen Hamburg und Fehmarn eingesetzt. Auch die Schwarzwaldbahn war ein Einsatzgebiet der V 200^1. Ab 1968 wurde sie als Baureihe 221 bezeichnet, ab 1980 waren alle in Gelsenkirchen beheimatet und wurden nur noch im Güterverkehr eingesetzt. Ende Juni 1988 wurden die letzten 221 aus dem Bestand der Deutschen Bundesbahn gestrichen. Mehrere 221 konnten nach Albanien oder Griechenland verkauft werden.

Baureihe	V 200 (220, 221)
Radsatzfolge	B'B'
Länge über Puffer	18.470 mm*, 18.440 mm**
Treibraddurchmesser	950 mm
Radsatzstand	14.700 mm
Höchstgeschwindigkeit	140 km/h
Leistung	2 x 809 kW*, 2 x 960 kW**
Dienstmasse	78-84 t*, 81 t**
Indienststellung	1953–1965
Anzahl	86*, 50**
* Baureihe 220	
** Baureihe 221	

Baureihe V 300 (ab 1968: BR 230)

Die Jugoslawischen Staatsbahnen bestellten nach der Rundreise von V 200 005 über den Balkan in die Türkei im Jahr 1955 bei Krauss-Maffei drei ähnliche Lokomotiven. Um die geforderte Radsatzlast von 16,5 t nicht zu überschreiten, mussten sie allerdings sechsachsig ausgeführt werden. Die erste ML 2200 C'C' wurde zunächst in Deutschland einem Versuchsprogramm unterzogen, dessen Ergebnisse Krauss-Maffei dazu veranlasste, eine vierte Maschine auf eigene Rechnung zu bauen. Die drei bestellten Exemplare wurden nach Jugoslawien ausgeliefert, die vierte blieb in Deutschland. Ursprünglich hatte die Lok eine Leistung von 2 x 810 kW, 1957 wurden 2 x 1.100 kW eingebaut und die Höchstgeschwindigkeit auf 140 km/h heraufgesetzt.

Die Lok hatte zwar wie die V 200 eine große graue Spitze an der Frontseite, jedoch waren der Kasten blau, Fenster- und Lüfterflächen hellgrau statt dunkelgrau. Später wurde der Kasten hellrot mit drei waagerechten Absetzstreifen, der obere Teil beigefarben. Erst nachdem die Deutsche Bundesbahn die Lok 1964 gekauft und als V 300 001 eingereiht hatte, bekam sie den roten Regelanstrich für DB-Diesellokomotiven.

Nach ihrer Ablieferung im Herbst 1957 wurde sie zu Probefahrten auf der Schwarzwaldbahn und der Semmeringstrecke eingesetzt. Ab 1958 war sie vor Planzügen unterwegs. Dazu wurde sie in Frankfurt-Griesheim beheimatet und in den Plänen der V 200[0] eingesetzt. Später wurde der ab 1968 als 230 001 bezeichnete Sechsachser in Hamm beheimatet und war mit schweren Reise- und Güterzügen in ganz Deutschland unterwegs, so auch vor Kohlenzügen zwischen dem Harz und dem Rhein-Ruhr-Gebiet. Anfang 1970 wurde die Maschine kurzzeitig nach Lübeck umgesetzt und ging noch im selben Jahr nach Hamburg-Altona. Im August 1975 wurde die Lok ausgemustert und sollte nach Italien verkauft werden. Sie wurde dafür nach Udine überführt. Der Verkauf kam aber nicht zustande, sodass der Einzelgänger 1979 in Deutschland verschrottet wurde.

Baureihe	V 300 (230)
Radsatzfolge	C'C'
Länge über Puffer	20.270 mm
Treibraddurchmesser	950 mm
Radsatzstand	15.800 mm
Höchstgeschwindigkeit	140 km/h
Leistung	2 x 810 kW
Dienstmasse	103 t
Indienststellung	1957
Anzahl	1, 3*

* für Jugoslawien

Baureihe V 320 (ab 1968: BR 232)

Zur Beförderung schwerer Schnell- und Güterzüge auf steigungsreichen Hauptbahnen sah das Typenprogramm der Deutschen Bundesbahn eine sechsachsige Diesellokomotive mit zwei Antriebsanlagen vor. Die V 320 sollte dabei auf der einmotorigen V 160 aufbauen. Durch die Produktion der V 160 verzögerte sich die Fertigstellung der V 320 und als Anfang der 1960er-Jahre Kapazitäten frei waren, hatte die Bundesbahn durch die Entwicklung neuer Elloks keinen Bedarf mehr an der schweren Diesellok.

Henschel in Kassel hielt aber an der Maschine fest und baute 1962 auf eigene Rechnung eine V 320. Sie war mit 2 x 1.900 PS (2 x 1.397 kW) die stärkste Einrahmen-Diesellok der Welt und ihre markante geknickte Stirnfront war das Vorbild für die komplette V 160-Familie. Ihre Länge betrug stolze 23.270 mm.

Im Dezember 1962 begannen erste Probefahrten und Anfang 1963 nutzte die Bundesbahn die Maschine für Messfahrten. Dabei wurde auch das Getriebe geändert, sodass die Lok bis zu einer Geschwindigkeit von 180 km/h eingesetzt werden konnte. Zuständig dafür war das Zentralamt in München. Die Deutsche Bundesbahn mietete die Lok nach dem Ende der Erprobungsfase 1965 für zehn Jahre an. Von Hamm aus wurde sie zusammen mit V 300 001 und der DE 2000 eingesetzt. So konnten Vergleiche der drei Maschinen angefertigt werden.

Durch einen Getriebeschaden im Sommer 1965 fiel die Lok mehr als ein Jahr aus. Kurz danach hatte sie einen Unfall, der sie wieder längere Zeit außer Gefecht setzte. 1965 kam der Sechsachser dann nach Kempten und bespannte schwere Schnellzüge auf der Allgäubahn nach München. Später gehörten nur noch Güterzüge zu ihrem Aufgabenbereich. Mitte 1975 endete der Mietvertrag. Die 232 001, wie sie seit 1968 hieß, ging zurück zum Hersteller, wo sie gründlich überholt und später an die Hersfelder Kreisbahn verkauft wurde.

Baureihe	**V 320 (232)**
Radsatzfolge	**C'C'**
Länge über Puffer	**23.270 mm**
Treibraddurchmesser	**1.100 mm**
Radsatzstand	**17.710 mm**
Höchstgeschwindigkeit	**160 km/h**
Leistung	**2 x 1.397 kW**
Dienstmasse	**128 t**
Indienststellung	**1962**
Anzahl	**1**

Baureihe V 36 (ab 1968: BR 236)

Für einen schnellen und kostengünstigen Verschub auf militärischen Bahnanlagen benötigte die deutsche Wehrmacht ab der zweiten Hälfte der 1930er-Jahre kleine und robuste Diesellokomotiven. Nach mehreren unterschiedlichen Versuchstypen entstanden einige zweiachsige Ausführung und die dreiachsige Bauart WR 360 C 14 mit einer Leistung von 360 PS (265 kW). Die Zweiachser reihte die Bundesbahn als V 15 bis V 22 ein (ab 1968: Baureihe 270), die Dreiachser bekamen die Bezeichnung V 36 (ab 1968: Baureihe 236).

Die Loks hatten einen Endführerstand und einen langen, hohen Vorbau unter dem Dieselmotoren unterschiedlicher Hersteller über eine Blindwelle und Triebstangen auf die Radsätze arbeiteten.

Noch vor der Gründung der Deutschen Bundesbahn wollte sich die Deutsche Reichsbahn West möglichst bald von den unwirtschaftlichen Dampfloks im Rangierdienst verabschieden und nahm zahlreiche Loks der Baureihe V 36 wieder in Betrieb. Weil deren Anzahl aber nicht ausreichte und noch keine Neukonstruktion zur Verfügung stand, entschloss sie sich zum Nachbau der V 36. So entstanden 1950 bei MaK in Kiel 18 Exemplare der Baureihe V 36[4]. Sie unterschieden sich besonders durch die um 40 mm größere Länge von den Vorgängern, so konnten bessere Getriebe von Voith, größere Kraftstoff- und Luftbehälter eingebaut werden. Auch der Radsatzstand fiel größer aus als bei den Vorkriegsloks. V 36 416 und 418 bekamen, wie viele alte V 36, eine Vollsichtkanzel auf dem Führerhaus, von wo aus der Lokführer die Maschine steuern und die Rangierarbeiten besser überblicken konnte. Die schwarzen Maschinen wurden gegen Ende ihrer Einsatzzeit in Frankfurt/Main zusammen gezogen und mit 236 405 schied im August 1981 die letzte Lok dieser Baureihe aus dem Bestand aus. Sie wurde vom Verein Historische Eisenbahnen Frankfurt e. V. übernommen und blieb der Nachwelt erhalten. Weiterhin überlebten die V 36 401 (Darmstadt), 406 (Frankfurt/Main, 411 (Darmstadt) und 412 (Lengerich).

Baureihe	**V 36 (236)**
Radsatzfolge	**C**
Länge über Puffer	**9.240 mm**
Treibraddurchmesser	**1.100 mm**
Radsatzstand	**4.400 mm**
Höchstgeschwindigkeit	**55 km/h**
Leistung	**265 kW**
Dienstmasse	**41 t**
Indienststellung	**1950**
Anzahl	**18**

Baureihe 240

Nach den Lokomotiven der Baureihe 202 hat die Deutsche Bundesbahn den dieselelektrischen Antrieb nicht weiterverfolgt, sondern mit den Baureihen 215 bis 218 ganz auf den hydraulischen Antrieb gesetzt. Weil jedoch im Ausland dieselelektrische Loks weit verbreitet waren, entwickelte die deutsche Industrie um konkurrenzfähig zu bleiben immer wieder neue Maschinen mit diesem Antrieb.
So stellten die Lokomotivfabriken Krupp, MaK und ABB im Jahr 1989 mit der DE 1024 eine neue sechsachsige, dieselelektrische Maschine vor. Schleswig-Holstein und die Europäische Gemeinschaft beteiligten sich an der Finanzierung. Es entstanden drei baugleiche Exemplare, die die Bundesbahn 1990 anmietete und in Hamburg beheimatete. Sie trugen die Namen »Kiel« (240 001), »Westerland« (240 002) und »Lübeck« (240 003) sowie die zugehörigen Stadtwappen an den Führerständen. Die Mehrzwecklokomotiven waren für eine Höchstgeschwindigkeit von 160 km/h zugelassen und sowohl für den schweren Reisezug- als auch für den Güterzugdienst geeignet.
Außer der herkömmlichen Druckluftbremse hatten die DE 1024 eine elektrische Bremse, die die beim Bremsen freiwerdende Energie in die Zugsammelschiene einspeisen konnte.

Bei zahlreichen Messfahrten kamen die weiß/rot/ blau lackierten Loks auch in Norwegen und auch auf den Gleisen der Deutschen Reichsbahn der DDR zum Einsatz. Waren sie nicht im Messeinsatz, gehörten IC- und IR-Züge im Norden Deutschlands zu ihren Aufgaben. Später bespannten sie schwere Güterzüge zwischen Bochum und Duisburg. Nach dem Ende der Versuche gingen die Loks an den Hersteller zurück. Von dort gelangten sie zur Hafen- und Güterverkehr Köln AG (HGK), die sie rot lackierte und als DE 11 bis DE 13 einsetzte.
Die DE 1024 dienten als Grundlage für die Entwicklung der Di 6 der norwegischen Staatsbahn.

Baureihe	**240**
Radsatzfolge	**Co'Co'**
Länge über Puffer	**20.960 mm**
Treibraddurchmesser	**1.000 mm**
Radsatzstand	**15.650 mm**
Höchstgeschwindigkeit	**160 km/h**
Leistung	**2.650 kW**
Dienstmasse	**117 t**
Indienststellung	**1989**
Anzahl	**3**

Baureihe V 45 (ab 1968: BR 245)

Nach dem Zweiten Weltkrieg wurde das Saarland 1949 zunächst nicht mit in die neu gegründete Bundesrepublik Deutschland aufgenommen. Erst nach einer Volksabstimmung wurde es 1957 eingegliedert.
Deshalb entstand 1947 mit den »Eisenbahnen des Saarlandes« eine eigenständige Bahnverwaltung. Mitte der 1950er-Jahre beschaffte sie neue Dieselloks für den Verschub im Bahnhof Saarbrücken. Weil das Saarland wirtschaftlich stark an Frankreich gebunden war, ging der Auftrag an die »Societe Alsacienne de Constructions Mechanique« (SACM) im elsässischen Graffenstaden. Das Unternehmen fertigte zwischen 1953 und 1957 zweiachsige Rangierloks für die französische SNCF. Innerhalb dieser Serie entstanden zehn Loks für das Saarland, die dort als V 45 001 bis 010 eingereiht wurden.
Mit der Eingliederung des Saarlands in die Bundesrepublik kamen die Loks zur Bundesbahn. Weil sich die V 45 aber stark von den deutschen Konstruktionen unterschieden, versuchte die Bahn die V 45 möglichst bald zu verkaufen. Dies gelang aber nicht und die kleinen Zweiachser arbeiteten deshalb als Werkloks in mehreren Ausbesserungswerken. So kam die V 45 003 ins AW Köln-Nippes, die V 45 004 und 010 ins AW Paderborn. Die V 45 005 wurde ab 1967 von Bayreuth aus zeitweise im Reisezugdienst zwischen Falls und Gefrees eingesetzt. Die V 45 006 tat in Schwerte Dienst, die V 45 007 im AW Witten, die V 45 008 im AW Duisburg und die V 45 009 im AW Krefeld-Oppum. Die V 45 001 und 002 wurden bereits Anfang der 1960 Jahre ausgemustert und als Ersatzteilspender genutzt.
1968 wurden acht Maschinen in 245 umgezeichnet. Im Dezember 1980 musterte die Bundesbahn mit der 245 004 die letzte Maschine dieser Baureihe aus. Die 245 009 wurde nicht verschrottet, sondern steht heute im deutschen Dampflok-Museum in Neuenmarkt-Wirsberg. Die 245 010 war lange Zeit Denkmal im AW Paderborn. Die 245 004 und 006 wurden nach Italien verkauft.

Baureihe	V 45 (245)
Radsatzfolge	B
Länge über Puffer	9.360 mm
Treibraddurchmesser	1.050 mm
Radsatzstand	3.838 mm
Höchstgeschwindigkeit	50 km/h
Leistung	295 kW
Dienstmasse	34 t
Indienststellung	1956
Anzahl	10

Baureihe V 51, V 52 (ab 1968: BR 251, 252)

Außer ihren Normalspurstrecken betrieb die Deutsche Bundesbahn auch einige Schmalspurstrecken mit Spurweiten von 750 mm und 1.000 mm. Auch dort sollten die alten Dampflokomotiven abgelöst und der Betrieb modernisiert werden. Deshalb entwickelten Anfang der 1960er-Jahre das BZA München und die Lokfabrik Gmeinder mit Sitz in Mosbach (Baden) auf Basis der G 480 der Maschinenbau Kiel (MaK) eine ebenfalls vierachsige Diesellok, die für Reise- und Güterzüge auf den schmalen Strecken geeignet sein sollte.
Sie war so ausgelegt, dass sie mit 750 mm- und 1.000 mm-Drehgestellen gebaut werden konnte. Für die Strecken zwischen Heilbronn Süd und Marbach (Neckar), Warthausen und Ochsenhausen sowie Schussenried und Buchau bestellte die Bundesbahn drei Loks mit einer Spurweite von 750 mm. V 51 901 bis 903 wurden 1964 von Gmeinder geliefert. Für die Meterspurstrecke zwischen Mosbach und Mudau wurden zur gleichen Zeit die V 52 901 und V 52 902 beschafft. Sie kamen zum Bw Heidelberg.
Während die V 51 Mittelpufferkupplungen hatten, waren die V 52 mit Mittelpuffern und je zwei seitlichen Hakenkupplungen ausgestattet. Außerdem hatten die V 52 eine elektrische Heizanlage, denn sie waren bevorzugt für den Personenverkehr vorgesehen. Bei den hauptsächlich für den Güterverkehr beschafften V 51 wurde auf eine Zugheizung verzichtet. Bemerkenswert ist auch, dass jede Lok mit zwei Dieselmotoren ausgestattet war. Der Hersteller griff nämlich auf bereits bewährte kleinere Motoren zurück, statt einen größeren für diese Lok zu entwickeln. Dies brachte zwar einen höheren Wartungsaufwand. Es konnte aber bei Bedarf kraftstoffsparend nur mit einem Motor gefahren werden. Auch konnte sich die Lok bei einem Defekt eines Motors noch selbstständig bewegen.
V 51 901 und 902 kamen nach ihrer Abnahme auf die Strecke zwischen Ochsenhausen und Warthausen. Sie waren in Ulm beheimatet. V 51 903 wurde in Heilbronn beheimate und fuhr auf der Bottwartalbahn zwischen Marbach und Heilbronn (Süd). 1968 wurden die V 51

in 251 901 bis 903 umgezeichnet, die V 52 in 252 901 und 902.
Als die Bottwartalbahn Ende 1968 stillgelegt wurde, kam 251 903 ebenfalls nach Warthausen. Hier wurden aber keine drei Loks benötigt, deshalb verkaufte die Bundesbahn die 251 901 an die Steiermärkische Landeseisenbahn, wo sie auf 760 mm Spurweite umgebaut wurde. Anfang 1999 wurde sie von den Rügenschen Kleinbahnen gekauft, wieder auf eine Spurweite von 750 mm zurückgebaut auf der dortigen Strecke eingesetzt. Seit 2008 gehört die Lok dem Landkreis Rügen und kommt für die PRESS – Rügensche BäderBahn zum Einsatz. Sie war zeitweise blau lackiert, fährt aber nun wieder in ihrem angestammten roten Anstrich. Die Stilllegung der Strecke Ochsenhausen – Warthausen am Ende November 1983 führte zur Ausmusterung von 251 902 und 903. 251 902 kam als Museumslok zum »Öchsle Schmalspurbahn e.V.«. 251 903 gelangte 1984 zu Gleismac Italiana S.p.A. in Gazzo di Bigarellot. Sie bekam dort Drehgestelle für Meterspur, Normalspur und Breitspur (1.668 mm) und wurde nach Spanien weiterverkauft, wo die Gleisbaufirma COMSA aus Barcelona sie im Bauzugdienst einsetzte. Seit 2009 ist sie ebenfalls wieder in Ochsenhausen und wird derzeit noch aufgarbeitet. Die Strecke Mosbach – Mudau wurde 1973 stillgelegt. 252 901 kam zur Albtal-Verkehrs-Gesellschaft (AVG), wurde auf Normalspur umgebaut und als V 62 eingesetzt. Bei ihr wurde das Führerhaus verbreitert und erhöht, was der Lok ein unproportioniertes Aussehen verlieh. Sie wurde hauptsächlich im Güter- und Bauzugdienst genutzt. 252 902 gelangte als VL 16 01 zur Südwestdeutschen Eisenbahn-Gesellschaft und wurde auf der Kaiserstuhlbahn eingesetzt. Mitte der 1980er-Jahre wurden beide Loks an die Firma Gleismac Italiana S.p.A. in Gazzo di Bigarello/Provinz Mantua (Italien) verkauft.

Baureihe	**V 51, V 52 (251, 252)**
Spurweite	**750 mm*, 1.000 mm*** **
Radsatzfolge	**B'B'**
Länge über Puffer	**9.810 mm*, 9.780 mm*** **
Treibraddurchmesser	**850 mm**
Radsatzstand	**5.860 mm**
Höchstgeschwindigkeit	**40 km/h**
Leistung	**199 kW**
Dienstmasse	**38,9 t*, 40 t*** **
Indienststellung	**1964**
Anzahl	**3*, 2*** **
* Baureihe 251	
** Baureihe 252	

Baureihe 259

Anfang der 1980er-Jahre hatten die Rangierloks der Baureihe V 60 ein Alter von rund 20 Jahren erreicht und sollten in den nächsten Jahren ersetzt werden. Allerdings hatte sich die Deutsche Bundesbahn noch nicht für einen Nachfolger entschieden. Sie mietete deshalb fünf unterschiedliche Loks an, die das Betriebsprogramm der V 60 übernehmen sollten.

Diese fünf Maschinen rangierten nacheinander zwischen 1982 und 1985 auf den Gleisen der Bundesbahn. Sie wurden als 259 001 bis 005 geführt und kamen nach München, wo sie den Dienstplänen der Baureihen 260 bzw. 290 eingesetzt wurden.

Erste Lok war eine von Krauss-Maffei gebaute, 500 kW starke ME 05 als 259 001. Sie lief von März bis September 1982 bei der Bundesbahn in München als Vorführlok. Danach kam als 259 002 eine DE 501 von Krupp-MaK mit einer Leistung von 500 kW. Sie war von September 1982 bis Februar 1983 bei der DB im Einsatz. Eine DE 500 der Firmengemeinschaft Kaelble-Gmeinder und Siemens mit einer Leistung von 510 kW lief von März 1983 bis Juli 1983 als 259 003. 259 004 war eine von Thyssen-Henschel entwickelte DE 500. Sie war von September 1983 bis Dezember 1983 an die DB vermietet und leistete ebenfalls 500 kW. Bei diesen vier Maschinen handelte es sich um dieselelektrische Loks. Als letzte Maschine wurde eine dieselhydraulische MH 05 von Krauss-Maffei als 259 005 zwischen Dezember 1983 bis März 1983 in München eingesetzt. Sie hatte eine Leistung von 525 kW.

Nach dem Mietende gingen alle Loks zu den Herstellern zurück, die sie an Privatbahnen weiterverkauften. Die Bundesbahn konnte sich für keine der Maschinen entscheiden und unternahm auch keinen weiteren Versuch mehr, die Baureihe 260 durch neue Lokomotiven abzulösen.

Baureihe	259
Radsatzfolge	C
Länge über Puffer	9.300 ... 10.000 mm
Treibraddurchmesser	1.000 mm
Radsatzstand	3.800 ... 4.000 mm
Höchstgeschwindigkeit	40 ... 80 km/h
Leistung	500 kW
Dienstmasse	54 ... 66 t
Indienststellung	1982–1983
Anzahl	5

Baureihe V 60 (ab 1968: BR 260, 261)

Die Baureihe V 60 war die kleinste Maschine im Typenprogramm der Deutschen Bundesbahn. Sie war für den Rangier- und leichten Übergabedienst vorgesehen. Für diese Aufgabe wurde zunächst eine Nachbauserie der späteren V 36 beschafft. Diese erwies sich aber als zu schwach, um die schweren Rangierdampfloks zu ersetzen.

Deshalb schlossen sich 1953 acht deutsche Lokomotivfabriken unter der Leitung des Bundesbahn-Zentralamts München zur »Arbeitsgemeinschaft für die Entwicklung der V 60-Diesellokomotive der Deutschen Bundesbahn« zusammen und entwarfen die neue Baureihe. Dabei mussten natürlich die besonderen Anforderungen an eine Rangierlok berücksichtigt werden. So mussten die Loks häufig anfahren und bremsen, außerdem mussten sie oft die Fahrtrichtung wechseln und Stöße durch das Ankuppeln von Wagen und wegen einer schlechten Gleislage hinnehmen können. Für die neuen Loks übernahm man den Stangenantrieb der V 36, denn dieser robuste Antrieb hatte sich bewährt und bot bei den niedrigen Geschwindigkeiten im Rangierdienst eine genügend hohe Laufruhe. Die Konstrukteure wählten ein hohes und geräumiges Mittelführerhaus mit einem kurzen und einem längeren niedrigen Vorbau. Große Fenster boten eine gute Streckensicht in beide Richtungen. Breite Bühnen mit Geländern ermöglichten ein sicheres Mitfahren des Rangierpersonals außerhalb des Führerhauses.

1955 begann dann mit der V 60 001 die Lieferung der dreiachsigen Maschinen. Weil man sich noch nicht für eine für eine einheitliche Ausstattung entscheiden konnte, wurde der Bau von Probelokomotiven an mehrere Hersteller vergeben. Diese lieferten die Vorauslokomotiven V60 001 bis 004 und V60 011 bis 036 mit unterschiedlichen Motoren und Getrieben. Außerdem entstanden Loks mit einer Reibungsmasse von 48 Tonnen oder 54 Tonnen. Die höhere Reibungsmasse wurde durch einen stabileren Rahmen erreicht.

Nach dem Ende der Untersuchungen entschied sich die Bundesbahn für eine umfangreichen Beschaffung. Bis 1964 wurden von der 942 Lokomotiven der Baureihe V 60 (623 leichte, 319 schwere) in Dienst gestellt. 1968 nahm sie die

Bahn in das UIC-gerechte Nummernschema auf und bezeichnete die leichten Loks als Baureihe 260, die schweren als Baureihe 261. Als die V 60 im Jahr 1987 den Kleinlokomotiven zugeordnet wurden, zeichnete sie die Bundesbahn in 360 und 361 um. Dadurch konnten sie nicht nur von Lokführern, sondern nun auch Lokrangierführern bedient werden.

An der V 60 gab es mehrere Versuche und Umbauten. So rüstetet die Bundesbahn 1958 die V 60 1018 und 1019 mit einer Doppeltraktionssteuerung aus. Damit sollten die Loks auch im schweren Rangierdienst genutzt werden. Die Versuche waren erfolgreich und zwanzig weitere Maschinen bekamen die Einrichtung. Allerdings übernahmen ab Mitte der 1960er-Jahre die schweren Loks der Baureihe V 90 diese Aufgabe und die Doppeltraktionen der V 60 konnten beendet werden.

Bereits 1953 wurde die V 60 042 mit einer ersten Probeversion einer Funkfernsteuerung ausgestattet. Sie war als Doppeltraktion mit

der V 60 042 gekuppelt. Die Fernsteuerung war aber so vorgesehen, dass nach wie vor ein Lokführer mitfahren musste. Die V 60 044 und 045 waren ebenfalls zu einem solchen Pärchen gekuppelt. Auch die Versuche mit einer Fernsteuerung endeten zunächst mit dem Einsatz der Baureihe V 90.

1984 wurden die Versuche wieder aufgenommen. Nun bekam der Lokführer tragbares ein »Funkfernsteuerbediengerät« (FBG) und konnte die Maschine vom Gleis aus bedienen. Zunächst wurden die 261 240, 241 und 839 als Prototypen bei Krauss-Maffei entsprechend umgebaut. 1986/87 entstanden dann 27 Vorserienloks und 1987 folgte der Serienumbau Die Loks behielten zunächst ihre Nummern. Erst ab Januar 1988 wurden die Maschinen mit Funk als Bezeichnungen 364 bzw. 365 bezeichnet.

1959 stattete die Bundesbahn die ersten V 60 mit einer halbautomatischen Rangierkupplung aus. Sie ähnelte einer Lkw-Kupplung und konnte den Zughaken des anzukuppelnden Fahrzeugs automatisch umschließen und festhalten. Das Entkuppeln erfolgte über einen Seilzug durch den Lokführer. Wurde die Kupplung nicht benötigt, ließ sich hochklappen. Diese Kupplungen wurden bis Anfang der 1980-Jahre wieder abgebaut. Erst mit den funkferngesteuerten Maschinen bekam die V 60 wieder eine automatische Rangierkupplung, diesmal vom Typ »RK 900«. Diese lässt sich pneumatisch nach oben richten. In dieser Stellung kann die normale Schraubenkupplung der Lok benutzt werden. Das Kuppeln erfolgte durch Anfahren an den Wagen, abgekuppelt wurde pneumatisch vom Bedienpult der Fernsteuerung aus.

Außer der Deutsche Bundesbahn hatte auch das Ausland Interesse an den V 60, sodass fabrikneue Exemplare an Belgien, Griechenland, Israel und die Türkei verkauft werden konnten.

Mitte der 1980er-Jahre nahm der Bedarf an V 60 ab und viele Loks wurden abgestellt. Das Ausland zeigte erneut Interesse, sodass die Deutsche Bundesbahn zahlreiche gebrauchte Maschinen nach Jugoslawien, Norwegen und die Türkei verkaufen konnte.

Baureihe	**V 60 (260, 261)**
Radsatzfolge	**C**
Länge über Puffer	**10.450 mm**
Treibraddurchmesser	**1.250 mm**
Radsatzstand	**4.400 mm**
Höchstgeschwindigkeit	**60 km/h**
Leistung	**478 kW**
Dienstmasse	**48–50 t*, 54 t****
Indienststellung	**1956–1963**
Anzahl	**623*, 319****
* Baureihe 260	
** Baureihe 261	

Baureihe V 65 (ab 1968: BR 265)

Die Maschinenbau Kiel AG (MaK) bot Mitte der 1950er-Jahre unter der Bezeichnung 650 D eine vierachsige Diesellok mit Stangenantrieb für den Einsatz auf Nebenbahnen an. Damit sollten dort ältere Dampfloks abgelöst werden, deshalb nahmen zahlreiche Privatbahnen solche Maschinen in ihren Bestand auf. Auch die Deutsche Bundesbahn war interessiert an diesen Lokomotiven, die die Lücke zwischen den leichten V 60 und den Drehgestell-Maschinen der Baureihe V 100 schließen, das heißt den Streckendienst auf Nebenbahnen übernehmen sollten. Die Deutsche Bundesbahn bestellte eine Serie von 15 Lokomotiven, die alle 1956 abgenommen, in Marburg (Lahn) beheimatet und im hessischen Bergland nach Frankenberg (Eder), Warburg, Korbach und Kassel eingesetzt wurden. Im Betriebsalltag zeigte sich jedoch bald, dass die V 65 zu schwach motorisiert waren und der Stangenantrieb den Oberbau stark belastete. Deshalb endete die Beschaffung der V 65 zu Gunsten der V 100 mit Drehgestellen. Die V 65 wanderte in untergeordnete Dienste ab.

Während bei den zuvor beschafften Dieselloks der Bundesbahn ausschließlich schnell laufende Dieselmotoren verwendet wurden, erhielt die V 65 einen langsam laufenden Motor aus dem Schiffsbau. Die Abwärme der Auspuffgase wurde in der Zugheizung zur Erzeugung vom Heizdampf genutzt.

1968 wurden die Loks in 265 001 bis 015 umgezeichnet und Mitte der 1970er-Jahre waren sie im Rangierdienst in Hamburg und im Fährbahnhof Puttgarden unterwegs. Weil dafür keine Zugheizung benötigt wurde, legte die DB diese zunächst still und baute sie später ganz aus. Zu dieser Zeit begann mit 265 005 die Ausmusterung dieser Splittergattung und im März 1979 wurde mit 265 001 die letzte Maschine ausgemustert. 265 011 blieb als Museumslok erhalten und steht heute nicht betriebsfähig in Bochum-Dahlhausen. Die V 65 001 der Osnabrücker Dampflokfreunde e.V. hingegen kann ab und zu bei Sonderfahrten auf freier Strecke erlebt werden.

Baureihe	V 65 (265)
Radsatzfolge	D
Länge über Puffer	10.740 mm
Treibraddurchmesser	1.250 mm
Radsatzstand	5.800 mm
Höchstgeschwindigkeit	80 km/h
Leistung	478 kW
Dienstmasse	54 t
Indienststellung	1956
Anzahl	15

Baureihe V 80 (ab 1968: BR 280)

Das durch den Zweiten Weltkrieg unterbrochene Entwicklungsprogramm für Diesellokomotiven wurde Anfang der 1950er-Jahre von der Deutsche Bundesbahn wieder aufgenommen und konzentrierte sich zunächst auf eine leichte Strecken- und Rangierlokomotive, die zahlreiche, teilweise noch aus der Länderbahnzeit stammende Dampfloks ablösen sollten. Das BZA München und Krauss-Maffei übernahmen die Entwicklung. Gefordert waren Komponenten, die auch in anderen Lok- und Triebwagenbaureihen verwendet werden konnten.

1952 lieferte Krauss-Maffei die V 80 001 bis 005, die Maschinenbau Kiel AG (MaK) fertigte die V 80 006 bis 010. Die Loks hatten zuerst eine Motorleistung von nur 590 kW. Weil sich diese aber als zu gering herausstellte, wurde sie auf 736 kW und später auf 810 kW erhöht. Außerdem wurde der ursprüngliche Heizkessel gegen ein Vapor-Heating-Aggregat ausgetauscht. Nach ihrer Abnahme wurden die Loks je zur Hälfte in Frankfurt/Main und Bamberg beheimatet. V 80 006 wurde 1953 auf der Verkehrsausstellung in München gezeigt.

Im Betrieb zeigte sich schnell, dass die Loks mit ihrem Lärm die Umwelt belasteten. Deshalb stattete sie die DB ab 1957 mit Abgasschalldämpfern auf den Führerhäusern aus. Anfang der 1960er-Jahre verdrängte die V 100 die V 80 aus Frankfurt/Main, sodass alle Maschinen in Bamberg zusammen gezogen werden konnten. 1968 erhielten die Loks die Baureihenbezeichnung 280. 1976 begann mit 280 004 die Ausmusterung und im Juli 1978 wurde mit 280 002 die letzte 280 aus dem Bestand. Sie blieb zunächst als Museumslok betriebsfähig erhalten, verbrannte aber 2005 in Nürnberg. 280 010 gelangte als V 31 zur Hersfelder Kreisbahn. Im November 1981 wurde sie nach Italien verkauft. Sie folgte damit den anderen V 80, die alle an Gleisbaufirmen in Italien gingen. V 80 001, 005 und 007 sind heute wieder in Deutschland.

Baureihe	**V 80 (280)**
Radsatzfolge	**B'B'**
Länge über Puffer	**13.800 mm**
Treibraddurchmesser	**940 mm**
Radsatzstand	**9.200 mm**
Höchstgeschwindigkeit	**100 km/h**
Leistung	**810 kW**
Dienstmasse	**58–60 t**
Indienststellung	**1952**
Anzahl	**10**

Baureihe V 90 (ab 1968: BR 290, 291)

Die dreiachsigen Loks der Baureihe V 60 waren für den schweren Rangierdienst ungeeignet, sodass die Deutsche Bundesbahn hier noch Dampflokomotiven einsetzen musste. Zwar wurde bei der Entwicklung der V 100 eine Rangierlok-Version vorgesehen. Sie wurde aber nicht verwirklicht, weil die geforderte Radsatzlast von 20 Tonnen ohne konstruktive Änderungen nicht hätte erreicht werden können. Deshalb entschied sich die Bundesbahn zur Neuentwicklung einer genau auf den schweren Rangierdienst zugeschnitten Baureihe, die sich aber mit ihrem Mittelführerstand und den beiden schmalen Vorbauten an die V 100 anlehnen sollte.

Das Bundesbahn-Zentralamt und die Maschinenbau Kiel AG (MaK) übernahmen die Entwicklung und 1964 konnte MaK die ersten zehn Vorserienlokomotiven ausliefern, denen bis Februar 1965 zehn weitere folgten. Die 20 Prototypen kamen nach Karlsruhe, Kornwestheim, Mannheim, Saarbrücken und Ulm.

Im November 1965 begann mit V 90 021 die Serienlieferung, die im September 1974 mit 290 407 abgeschlossen wurde. Die Serienloks waren im Gegensatz zu den Prototypen um 300 mm länger, weil es am Rahmen noch konstruktive Veränderungen gab.

Das Bundesamt für Beschaffung und Wehrtechnik kaufte eine Lok und bezeichnete sie als 290 999. Die Maschine wurde von der Bundesbahn angemietet, und in Köln-Nippes beheimatet. Von dort aus bediente sie in einem Laufplan gemeinsam mit DB-290 den Anschluss ins Luftwaffendepot in Metternich. Die Lok hatte den normalen roten DB-Anstrich und wurde später orientrot lackiert.

1965 baute Firma MaK auf eigene Rechnung fünf V 90 P mit einem weiterentwickelten, langsam laufenden Dieselmotor vom Typ 8M 282 AK aus eigenem Haus, der sich bereits als Schiffsantrieb bewährt hatte. Die V 90 P 01 und 02 wurden 1966 bzw. 1967 an die Dortmunder Eisenbahn verkauft, die übrigen drei Maschinen wurde von der Bundesbahn angemietet. Sie bekamen die Nummern V 90 901 bis 903 (ab 1968: 291 901 bis 903) und waren zwei Jahre lang von Delmenhorst aus im Einsatz. Zwei von ihnen wurden sogar in Schweden erprobt. 1973 erteilte die Bahn einen Auftrag über 100 Serienmaschinen mit einer weiterentwickelten Motorbauart.

291 001 kam im März 1974 als erste zur Bundesbahn, 291 100 wurde im August 1978 als letzte übernommen. Die drei Vorserienlokomotiven erhielten nachträglich den Serienmotor und

wurden Anfang der 1970er-Jahre angekauft. Während die Baureihe 290 sich auf Betriebswerke in ganz Deutschland verteilte, waren die 291 nur in norddeutschen Städten beheimatet, dazu gehörten Hamburg, Bremen, Bremerhaven, Osnabrück und Emden.
Um eine Kommunikation zwischen dem Lokführer und Dienststellen im Rangierbahnhof zu ermöglichen, sind alle Loks mit Rangierfunk ausgestattet. Einige Maschinen der Baureihe 290 bekamen Mitte der 1980er-Jahre eine Funkfernsteuerung und wurden im automatischen Abdrückbetrieb im Rangierbahnhof Nürnberg eingesetzt. Vier Loks der Baureihe 291 wurden ebenfalls damit ausgerüstet. Sie liefen im Verschiebebahnhof Maschen.
Wegen der fehlenden Zugheizung waren die Loks überwiegend im Rangier- und Güterzug-Streckendienst zu finden, Einsätze vor Reisezügen gab es nur in Ausnahmefällen.
1994 gingen die meisten Maschinen beider Baureihen in den Bestand der Deutschen Bahn AG über, die sie weiterhin nutzt.

Baureihe	V 90 (290, 291)
Radsatzfolge	B'B'
Länge über Puffer	14.000 mm*, 14.320 mm**
Treibraddurchmesser	1.100 mm
Radsatzstand	9.500 mm
Höchstgeschwindigkeit	80 km/h
Leistung	809 kW
Dienstmasse	78,5 t*, 80 t**
Indienststellung	1964–1974
Anzahl	408*, 103**
* Baureihe 290	
** Baureihe 291	

Baureihe V 29 (ab 1968: BR 299)

Auf der 1.000-mm-Schmalspurstrecke von Ludwigshafen nach Meckenheim ersetzte die Deutsche Bundesbahn Anfang der 1950er-Jahre die alten Dampflokomotiven durch neue Dieselloks. Auf Grund des schlechten Zustands der kurvenreichen Strecke, entschied sich die Bahn aber gegen eine dreiachsige Lok mit Stangenantrieb, sodass eine vierachsige Maschine mit Mittelführerstand entstand. So konnte der Achsdruck mit 7 Tonnen recht niedrig gehalten werden und die niedrigen Vorbauten erlaubten eine gute Rundumsicht.

Die drei Exemplare wurden von der Lokomotivfabrik Jung und dem BZA München entwickelt und als V 29 951 bis 953 bezeichnet. Die zweimotorigen Maschinen hatten eine Leistung von 2 x 106 kW, wobei jedes Drehgestell von einem eigenen Lkw-Motor über ein Wendegetriebe von Voith und Ketten auf beide Radsätze angetrieben wurde. Die Höchstgeschwindigkeit wurde auf 40 km/h festgelegt, bald jedoch auf 35 km/h reduziert. Eine Zugheizung war nicht vorhanden, sodass bei Bedarf ein separater Heizwagen eingereiht werden musste. Die Versorgung der Generatoren der Beleuchtung, des Kompressors für die Druckluftbremse und einen Luftsauger für die Saugluftbremse übernahm ein Hilfsdieselmotor. Bis zur Stilllegung der Strecke im Jahr 1956 waren die drei Lokomotiven in der Pfalz vor Reisezügen, Güterzügen und im Rangierdienst unterwegs. V 29 952 wurde anschließend zur Schmalspurbahn von Nagold nach Altensteig versetzt. Als diese 1967 stillgelegt wurde, verkaufte die Deutsche Bundesbahn die Lok an die Mittelbadische Eisenbahn-Gesellschaft (MEG), die die Maschine bis 1980 als V 29 01 von Schwarzach aus einsetzte. Danach kam sie zur DGEG.

Die anderen beiden V 29 wurden nach Regensburg gebracht, wo sie ab 1956 auf der Walhallabahn von Regensburg nach Wörth an der Donau fuhren. Ende 1968, kurz nach der Umzeichnung der V 29 in 299, wurde auch diese Strecke stillgelegt und die beiden Lokomotiven in Feldkirchen bei München verschrottet.

Baureihe	**V 29 (299)**
Spurweite	**1.000 mm**
Radsatzfolge	**B'B'**
Länge über Puffer	**9.140 mm**
Treibraddurchmesser	**850 mm**
Radsatzstand	**6.280 mm**
Höchstgeschwindigkeit	**35 km/h**
Leistung	**2 x 106 kW**
Dienstmasse	**28 t**
Indienststellung	**1952**
Anzahl	**3**

Baureihe Köf II (ab 1968: BR 321-324)

Um ihren leichten Rangierbetrieb kostengünstiger und auch mit weniger Personal durchführen zu können, stellte die Deutsche Reichsbahn in den 1930-Jahren über 1.000 zweiachsige Diesellokomotiven mit einer Leistung von 51 PS (38 kW) bis 150 PS (110 kW) in Dienst. Die robusten und als Kleinloks der Leistungsgruppe II bezeichneten Maschinchen hatten einen Vorbau und einen geräumigen Endführerstand, der oft ohne Türen und Seitenfenster ausgeführt war. Der Antrieb erfolgte über Rollenketten vom Motor auf die beiden Radsätze.

Die robusten Loks bewährten sich sehr gut und weil die Deutsche Bundesbahn bei ihrer Gründung einen großen Bedarf an solchen Fahrzeugen hatte, begann sie mit der Bestellung weiterer Kleinloks. Die Loks wurden nun nach Standardvorgaben gefertigt und hatten alle Flüssiggetriebe, im Gegensatz zu den Vorkriegsmaschinen, die auch mit mechanischen Getrieben geliefert worden waren. (»Köf II« = **K**leinlokomotive, **Ö**l-/Dieselmotor, **F**lüssigkeitsgetriebe, Leistungsgruppe II) Bis 1965 entstanden immerhin noch einmal knapp 740 Exemplare. Waren die Loks zunächst schwarz, bekamen sie ab 1957 den roten Diesellok-Anstrich der Bundesbahn.

Mitte der 1950er-Jahre wurden Druckluftbremsen nachgerüstet und die Höchstgeschwindigkeit konnte auf 45 km/h herauf gesetzt werden.

1968 zeichnete die Bahn die Lokomotiven je nach Ausstattung in die Baureihen 321 bis 324 um. Dabei entstand die Baureihe 324 nur, weil die Baureihe 323 bis zur Ordnungsnummer 999 belegt gewesen war und dann einfach mit 324 fortgefahren wurde.

1971 begann die Bundesbahn ihre Köf winterfest zu machen. Dazu bekamen über 400 Maschinen Seitenfernster, Drehtüren als Zugang und eine Führerhausheizung. Außerdem wurden zur gleichen Zeit 150 Loks zum Einbau einer automatischen Kupplung vorbereitet, der aber nie durchgeführt wurde.

Baureihe	Köf II (321–324)
Radsatzfolge	B
Länge über Puffer	6.392 mm
Treibraddurchmesser	850 mm
Radsatzstand	2.500 mm
Höchstgeschwindigkeit	45 km/h
Leistung	92 kW
Dienstmasse	16 t
Indienststellung	1948-1965
Anzahl	835

Baureihe V 11^9 (ab 1968: BR 329, 399)

Auf der Nordseeinsel Wangerooge führte eine Schmalspurbahn der Deutschen Bundesbahn mit einer Spurweite von 1.000 mm 3,4 km weit vom Schiffsanleger zum Ort Wangerooge. Auf dieser Strecke wurden die Dampfloks zwischen 1952 und 1958 von neuen Dieselloks abgelöst.

Als erste kam im Jahr 1952 die dreiachsige V 11 901 nach Wangerooge. Sie wurde bei Gmeinder in Mosbach (Baden) gebaut und ist eine Weiterentwicklung der Heeresfeldbahnlok vom Typ HF 130C. 1957 wurden zwei nahezu baugleiche Loks als V 11 902 und 903 eingereiht. Allerdings waren ihre Führerhäuser breiter und die Aufbauten kantiger.

Die Loks mit Außenrahmen besaßen ein hydrodynamisches Getriebe von Voith, das über eine Bildwelle und eine Treibstange den mittleren der drei Radsätze antrieb. Von dort wurde die Kraft über eine Kuppelstange auf die beiden äußeren Radsätze übertragen. Die Gegengewichte zu den Stangen waren außerhalb des Rahmens montiert. Anfang der 1960er Jahre wurde das Führerhaus der V 11 901 modernisiert und mit neuen Türen und Fenstern versehen.

Später wurden die Maschinen den Kleinlokomotiven zugeordnet und als Köf 99 501 bis 503 bezeichnet. 1968 wurden sie in 329 501 bis 503 umgezeichnet, 1992 schließlich in 399 101 bis 103. 1971 kaufte die Deutsche Bundesbahn die zweiachsige 399 104 von der Inselbahn Juist. Bei der 1952 von Klöckner-Humboldt-Deutz gebauten Lok mussten die Zug- und Stoßvorrichtungen angepasst werden. Danach war sie eigentlich nur Reservemaschine. 1992 kamen von Mansfeld Transport GmbH zwei neue, in Rumänien gebaute Loks des Typs L 18 H-C als 399 105 und 106 nach Wangerooge. Nach dem Ende ihres Einsatzes auf Wangerooge wurde die 399 101 an die Stiftung deutsche Kleinbahnen verkauft, die sie auf 600 mm umspurte und auf der »De Lütt Kaffeebrenner« bei Klütz einsetzt.

Baureihe	**V 11^9 (329)**
Spurweite	**1.000 mm**
Radsatzfolge	**C*, B****
Länge über Puffer	**5.566 mm*, 6.090 mm****
Treibraddurchmesser	**700 mm*, 820 mm****
Radsatzstand	**1.800 mm*, 2.700 mm****
Höchstgeschwindigkeit	**20 km/h**
Leistung	**96 kW**
Dienstmasse	**16,5 t*, 13 t****
Indienststellung	**1952, 1956*, 1952****
Anzahl	**4**

*329 501 bis 503, **329 504, ab 1971 bei DB

Baureihe Köf 10–12 (ab 1968: BR 331–333)

Im Rangierbereich hatte die Deutsche Bundesbahn die Baureihe V 60 für die Ablösung alter Dampflokomotiven vorgesehen. Für die Aufgaben, die die Kleinloks der ehemaligen Reichsbahn zu bewältigen hatten, waren die V 60 aber viel zu groß. Allerdings mussten auch die Kleinloks auf Dauer abgelöst bzw. unterstützt werden. Deshalb begann die Bundesbahn 1958 mit der Entwicklung einer Kleinlokomotive der Leistungsgruppe III. Sie sollte mindestens 150 PS (110 kW) leisten können und 45 km/h schnell sein. Außerdem mussten Kleinlokbediener sie fahren können.

Gmeinder und das BZA München entwickelten daraufhin eine zweiachsige Maschine mit einem Endführerstand und einem schmalen Vorbau.

1959/60 lieferte Gmeinder die ersten Vorauslokomotiven. Die Köf 10 001 bis 003 waren nur 30 km/h schnell, Köf 11 001 bis 005 brachten es auf 45 km/h. Zu Testzwecken bekamen die Loks unterschiedliche Motor- und Getriebebauarten. Allen gemeinsam war die Kraftübertragung mit Rollenketten. Nach Abschluss der Versuche wurden die Köf 10 nicht weitergebaut. Von den Köf 11 bestellte die Deutsche Bundesbahn insgesamt 317 Maschinen.

Während der Produktion der Loks wurde der Antrieb über Gelenkwellen weiterentwickelt. 1965 baute Gmeinder die erste Köf 12 mit neuem Strömungsgetriebe und diesem Antrieb. Die Lok bewährte sich und ging ab 1968 in Serie. Bis 1978 entstanden 251 Vertreter dieser Ausführung. 1968 wurden den Loks sie Baureihennummern 331 (Köf 10), 332 (Köf 11) und 333 (Köf 12) zugewiesen. Die alten Ordnungsnummern blieben dabei bis auf wenige Ausnahmen erhalten. Weil die folgenden Loks von der Serie abwichen wurden ihre Nummern geändert: Köf 11 001 in 332 701, Köf 11 004 in 332 702, Köf 11 003 in 332 801, Köf 11 063 in 332 901 und Köf 11 211 in 332 901.

Ab der Betriebsnummer 333 102 wurde ein verstärktes Kühlsystem eingebaut. Diese Loks sind durch eine runde, mit Schutzgitter gesicherte Lüfteröffnung an der Stirnfront zu erkennen.

Der Aufbau bestand aus einer schmalen Haube für den Dieselmotor und einem über die ganze Breite reichenden Führerhaus an einem Lokende. Das Personal hatte durch die großen Fenster einen guten Blick auf die Strecke. Das Fahrpult befand sich in der Mitte an der vorderen Stirnwand und konnte von beiden Seiten aus bedient werden. Klappen in der Haube ermöglichten den Zugang zu den Aggregaten dahinter. Die Pufferbohlen waren nur an den Rahmen

angeschraubt, so konnten sie bei Beschädigungen schnell ausgetauscht werden. Die Loks hatten eine selbsttätige Knorr-Druckluftbremse mit Zusatzbremse und Feststellbremse. Durch einen Getriebeumbau zwischen 1982 und 1985 konnte die Höchstgeschwindigkeit der 331 001 bis 003 auf 45 km/h angehoben. Die 331 003 musste allerdings schon 1989 den Dienst quittieren, die beiden anderen liefen ab dem 1. Januar 1992 als 332 601 und 602. Sie gingen beide noch in den Bestand der Deutschen Bahn AG über.

1984 bekamen 333 108, 114 und 138 versuchsweise eine Funkfernsteuerung. Die Versuche verliefen erfolgreich und 1986 erhielten 17 weitere Fahrzeuge eine Vorserien-Fernsteuerung, bevor 1988 der serienmäßige Umbau begann. Die Funkfernsteuerloks waren am Geräteschrank an der Rückseite des Führerhauses zu erkennen. Ab 1988 liefen sie als Baureihe 335. Außerdem wurden diese Loks mit einer halbautomatischen Rangierkupplung ausgestattet, die automatisch kuppelte und vom Fernsteuerpult aus entkuppelt werden konnte. Wurde die Kupplung nicht benötigt, ließ sie sich hydraulisch nach oben klappen.

Die Loks waren auf nahezu allen größeren Bahnhöfen der Bundesbahn zu finden und erledigten dort Rangieraufgaben. Selten waren sie im Streckendienst anzutreffen. Es kam aber sogar zu Einsätzen vor Reisezügen. Anfang 1994 gingen noch über 500 Exemplar an die Deutsche Bahn AG über.

Baureihe	Köf 10 – 12 (331 – 333)
Radsatzfolge	B
Länge über Puffer	7.830 mm
Treibraddurchmesser	950 mm
Radsatzstand	2.800 mm
Höchstgeschwindigkeit	30 km/h*, 45 km/h
Leistung	155 kW
Dienstmasse	22 t
Indienststellung	1959–1972
Anzahl	3*, 317**, 251***
* Baureihe 331	
** Baureihe 332	
*** Baureihe 333	

Baureihe 333⁹

Die Deutsche Bundesbahn übernahm am 1. Januar 1975 den Restbetrieb der bis dahin privaten Kerkerbachbahn an der Strecke zwischen Limburg und Gießen einschließlich der beiden dort noch vorhandenen Dieselloks. Die nur knapp vier Kilometer lange dreischienige Verbindung (1.000 mm und 1.435 mm) von Kerkerbach nach Dehrn konnte am Anfang Mai 1886 eröffnet werden. Der nur meterspurige, über 30 Kilometer lange Abschnitt von Kerkerbach nach Mengerskirchen folgte im April 1908. Ende 1960 wurde der Schmalspurbetrieb aufgegeben und die Bahn bediente nur noch den Güterverkehr auf dem Abschnitt zwischen Kerkerbach und Dehrn.
Bei der Firma Ruhrthaler beschaffte die Kerkerbachbahn 1958 dafür zwei gleichartige zweiachsige Dieselloks. Während die Nummer 18 mit dem Namen »Steeden« normalspurig war, lief die Nummer 19 »Kerkerbachtal« auf den Meterspurgleisen und wurde erst 1961 auf Normalspur umgerüstet.
Nach Übernahme durch die Bundesbahn am 1. Januar 1975 bekamen die Loks die Nummern 333 901 und 902. Die beiden Maschinen gehörten zunächst zum Bw Limburg und fuhren weiter auf ihrer alten Stammstrecke. Die 333 901 wurde dann nach einem Schaden im Mai 1979 beim Bw Limburg aus dem Bestand gestrichen. Ende Februar 1980 verließ die Lok das Ausbesserungswerk Nürnberg, wo sie repariert worden war. Über Umwege und Umspurung auf Meterspur gelangte sie 1991 als Tm 2/2 74 zur Brig-Visp-Zermatt-Bahn (BVZ) in die Schweiz.
Die 333 902 diente ab Oktober 1978 als Werklok dem AW Schwetzingen und seit dem 1. Januar 1979 als Werklok im AW Darmstadt. Im. Juli 1979 wechselte sie zum Bw Hanau und im Juli 1980 zum Bw Friedberg. Ende 1980 musste sie wegen eines Achsbruchs ins AW Nürnberg. Eigentlich sollte sie noch einmal repariert werden, wurde jedoch verkauft. Danach wurde sie auf 1.000 mm umgespurt und kam als Tm 2/2 4973 zur Furka-Oberalp-Bahn (FO).

Baureihe	**333⁹**
Radsatzfolge	**B**
Länge über Puffer	**7.260 mm**
Treibraddurchmesser	**950 mm**
Radsatzstand	**2.500 mm**
Höchstgeschwindigkeit	**30 km/h**
Leistung	**176 kW**
Dienstmasse	**28 t**
Indienststellung	**1975**
Anzahl	**2**

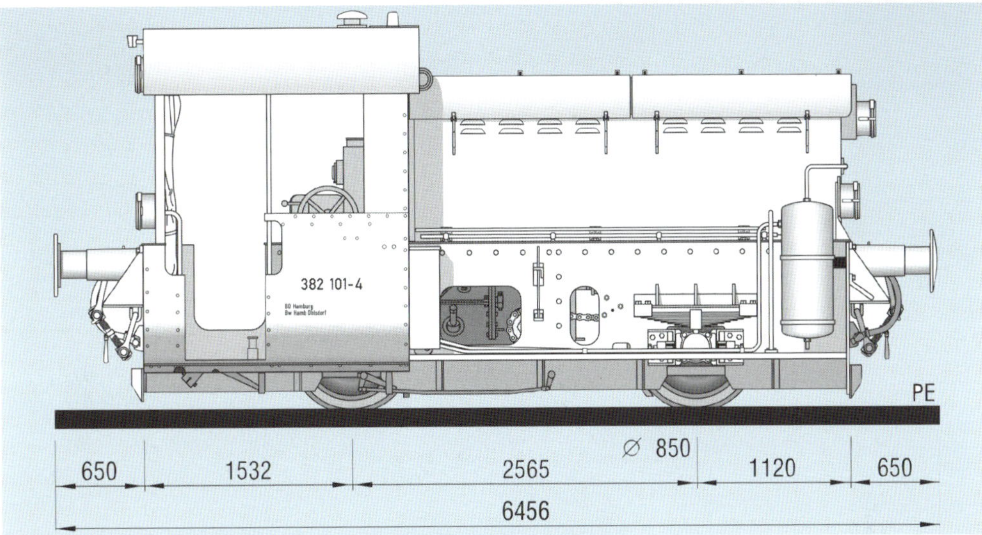

Baureihe Ka II (ab 1968: BR 382)

Die Kleinlokomotiven der Deutschen Reichsbahn wurden nicht nur von Verbrennungsmotoren angetrieben, es gab auch elektrische Maschinen, die den Strom für ihre elektrischen Fahrmotoren aus mitgeführten Akkumulatoren bezogen. Diese Lokomotiven konnten besonders dort eingesetzt werden, wo keine Abgase in die Umgebung abgegeben werde durften, z. B. in Tunnels oder Hallen.

Die Deutsche Bundesbahn übernahm zwar 40 der als Ka bezeichneten Maschinen von der Reichsbahn, ließ aber auch eigene Fahrzeuge entwickeln. Gmeinder lieferte im Jahr 1954 dann zwei Maschinen, die zunächst als Ks 4992 und Ks 4993 bezeichnet wurden. Sie unterschieden sich unter anderem beim Achsstand und beim Aufbau der Getriebe voneinander. Die Loks hatten offene Führerhäuser und einen roten Anstrich. Später wurde die Ks 4992 mit einem geschlossenen Führerhaus ausgestattet. Die Ks 4992 war nur für 30 km/h zugelassen. Bei der Ks 4993 ermöglichte ein Nachschaltgetriebe einen Langsamgang mit 26 km/h und einen Schnellgang mit einer Höchstgeschwindigkeit von 45 km/h. Der Antrieb erfolgte über Ketten vom Motorritzel zu den Radsätzen.

Sie waren zunächst in Süddeutschland zu Hause (Ks 4992 in Sonthofen, Ks 4993 in Nürnberg-Doos) und übernahmen dort Rangier- und Zustellaufgaben. Leider hatten die Loks keine eigene Bremse, denn es gab keinen Platz, an dem diese hätte eingebaut werden können. Deshalb bekamen sie nur eine Drucklufterzeugungsanlage und ein Bremsventil, mit dem die angehängten Wagen gebremst werden konnten.

1968 zeichnete die Bahn die zwei Fahrzeuge in 382 001 und 382 101 um.

In der zweiten Hälfte der 1970er-Jahre wurden beide Maschinen nach Hamburg ungesetzt und halfen beim Bau der dortigen S-Bahn mit. Später waren sie Abschlepp- und Rangierloks für S-Bahn-Züge im Bw Hamburg-Ohlsdorf.

382 001 ging 1994 an die Deutsche Bahn AG über. 382 101 wurde bereits 1984 verschrottet.

Baureihe	**Ka II (382)**
Radsatzfolge	**B**
Länge über Puffer	**6.456 mm**
Treibraddurchmesser	**850 mm**
Radsatzstand	**2.524/2.565* mm**
Höchstgeschwindigkeit	**30/45* km/h**
Lelstung	**35 kW**
Dienstmasse	**21/22* t**
Indienststellung	**1955**
Anzahl	**2**

***382 001/382 101**

Baureihe 399

Als Verstärkung für die Dieselloks auf Wangerooge kauft die Deutsche Bundesbahn 1992 Bundesbahn zwei Dieselloks vom Typ L 18 H-C von der Mansfeld Transport GmbH, die 1990 von der rumänischen Lokfabrik Faur »23. August« in Bukarest hergestellt worden waren. Die Maschinen sollten eigentlich auf der meterspurigen Schlackenbahn der August-Bebel-Hütte in Helbra zum Einsatz kommen. Durch den Zusammenbruch der DDR-Wirtschaft nach der Wende erübrigte sich ein Einsatz bei der Schlackenbahn.

Die dreiachsigen Maschinen haben ein verglastes Endführerhaus mit seitlichen Drehtüren und einen über die gesamte Breite reichenden Vorbau mit Wartungstüren. Als Antriebsaggregat dient ein in Lizenz gebauter MAN-Sechszylinder-Motor mit einer Leistung von 132 kW. Der Antrieb erfolgt über Hydraulikgetriebe, Gelenkwellen und Radsatzgetriebe auf den vorderen Radsatz, der mit den beiden anderen Radsätzen über Kuppelstangen verbunden ist. Mittelpuffer, seitliche Kupplungshaken und Ketten verbinden die Loks mit den Wagen.

In einer umfangreichen Umbauaktion wurden die beiden Neuzugänge in der Wangerooger Werkstatt den Erfordernissen des Inselbahnbetriebs angepasst. Beim Umbau bekamen sie auch die rote DB-Lackierung und wurden an die Richtlinien der Eisenbahnbetriebsordnung angepasst, beispielsweise durch die Ausrüstung mit Dreilicht-Spitzensignal und Rangierfunk. Danach reihte die Bahn die Maschinen unter den Nummern 399 105 und 106 in ihren Bestand ein.

Weil sich die rumänischen Loks in der Folge als recht störanfällig erwiesen, waren sie nur bedingt als Ersatz für die älteren Maschinen geeignet. Deshalb beschaffte die Deutsche Bahn AG 1999 bei der Lokfabrik Schöttler (SCHÖMA) aus Diepholz zwei zweiachsige Dieselloks des Typs CFL 150 DCL und gab ihnen die Betriebsnummern 399 107 und 108.

Baureihe	**399**
Radsatzfolge	**C**
Länge über Puffer	**5.400 mm**
Treibraddurchmesser	**mm**
Radsatzstand	**mm**
Höchstgeschwindigkeit	**20 km/h**
Leistung	**132 kW**
Dienstmasse	**16,6 t**
Indienststellung	**1990 (U 1992)**
Anzahl	**2**

Baureihe 401

Am 2. Juni 1991 eröffnete die Deutsche Bundesbahn die Schnellfahrstrecken zwischen Mannheim und Stuttgart sowie zwischen Würzburg und Hannover, die mit einer Höchstgeschwindigkeit von 250 km/h befahren werden können. Für diese Verbindungen benötigte sie neue Fahrzeuge, die für diese Geschwindigkeit geeignet sind.

Schon 1985 wurde der IC-Experimental (Baureihe 410) gebaut und getestet. Die Versuche mündeten schließlich in einem Zug aus zwei Triebköpfen und bis zu 14 antriebslosen Mittelwagen. Um bei Verspätungen Reserven zu haben, wurde eine Höchstgeschwindigkeit von 280 km/h festgelegt.

Insgesamt beschaffte die Bahn 120 Triebköpfe von Henschel, Krauss-Maffei und Krupp. Den Reisenden standen 735 Mittelwagen zur Verfügung, sodass 60 komplette Züge gebildet werden konnten. Die Mittelwagen unterteilen sich in Wagen 1. Klasse (Baureihe 801), 2. Klasse (Baureihe 802), 2. Klasse mit Sonderabteilen (Baureihe 803) und Speisewagen (Baureihe 804).

Die Triebköpfe 401 072 bis 090 und 401 572 bis 590 sind für den Einsatz in der Schweiz zugelassen und haben die Schweizer Sicherungseinrichtungen und einen zweiten Stromabnehmer mit schmalerem Schleifstück.

Zunächst wurden täglich 18 Züge auf der ICE-Linie 6 zwischen Hamburg und München (über Frankfurt/Main) eingesetzt. 1992 kam die ICE- Linie 4 zwischen Hamburg und München über Würzburg/Nürnberg hinzu. Der Bedarf erhöhte sich dadurch auf 38 Züge. Im Mai 1993 erfolgte die Umstellung der Linie 3 zwischen Hamburg und Basel/Zürich auf ICE-Züge, wozu 14 Garnituren benötigt wurden. Im gleichen Jahr erreichten ICE-Züge Berlin. Einzelne Züge der Linien 4 und 6 fuhren ab dem Fahrplan 1992/1993 im Zweistundentakt nach Bremen.

Baureihe		**401**
Radsatzfolge		**Bo'Bo' + 2'2' + ... + 2'2' + Bo'B**
Länge	**Triebkopf**	**20.560 mm**
	Mittelwagen	**26.400 mm**
	Zug (14-teilig)	**357.920 mm**
Treibraddurchmesser		**1.030 mm**
Radsatzstand		**14.460 mm**
Höchstgeschwindigkeit		**280 km/h**
Leistung		**2 x 4 x 1.200 kW**
Dienstmasse		**80,4 t, 77,5* t**
Indienststellung		**1991–1993**
Anzahl (Züge)		**60**

*** 401 051/551 bis 090/590 mit GTO-Thyristoren**

Baureihe 403

Im September 1971 führte die Deutsche Bundesbahn das »InterCity«-System ein. Markenzeichen waren auf zwei Stunden getaktete Fahrpläne und »Systemhalte«. Im Hinblick auf eine Reisegeschwindigkeit von 200 km/h bestellte die Bahn Loks der Baureihe 103 und passende Reisezugwagen. Man wollte aber auch den Einsatz von Triebwagen untersuchen und diese auf schwach frequentierten Strecken und in Tagesrandlagen einsetzen.

Linke-Hofmann-Busch, Messerschmidt-Bölkow-Blohm, MAN, AEG, BBC und Siemens präsentierten gemeinsam einen vierteiligen Zug, bei dem alle Radsätze angetrieben waren. Die Bundesbahn bestellte drei Einheiten, die 1974 als Baureihen 403 (Endwagen) bzw. 404 (Mittelwagen) in Dienst gingen.

Zur Schonung des Oberbaus hatten die Züge eine gleisbogenabhängige Wagenkastensteuerung. Sie führten nur die 1. Klasse und waren klimatisiert. Es gab geschlossene Abteile, Großräume, einen Speiseraum und eine Küche.

Nach umfangreichen Tests kamen die Züge im Winter 1974/75 in den Planeinsatz. Sie wurden in München beheimatet und auf der IC-Linie 4 zwischen München und Bremen eingesetzt. Im Einsatz erwiesen sich die Züge aber als zu teuer und mit ihrer festen Reihung als zu unflexibel. Im März 1982 mietete die Lufthansa die Triebwagen an, ließ sie grundlegend aufarbeiten und setzte sie als »Lufthansa-Airport-Express« zwischen Düsseldorf und Frankfurt/Main ein. Die Züge bekamen eine neue Inneneinrichtung und einen gelb/grauen Anstrich. Die Verbindungen durften nur von Lufthansa-Gästen mit einem Flugticket benutzt werden. Die Züge wurden in Düsseldorf beheimatet und fuhren täglich vier Zugpaare. Im Mai 1993 wurden die Züge auf Grund von Schäden abgestellt. Danach konnte kein sinnvolles Aufgabengebiet mehr gefunden werden, auch ein Verkauf kam nicht zustande.

Baureihe		403
Radsatzfolge		Bo'Bo'+Bo'Bo'+Bo'Bo'+Bo'Bo'
Länge über Kupplung	Endwagen	27.450 mm
	Mittelwagen	27.160 mm
	Zug (4-teilig)	109.220 mm
Treibraddurchmesser		1.050 mm
Radsatzstand		21.600 mm
Höchstgeschwindigkeit		200 km/h
Leistung		16 x 240 kW
Dienstmasse		235,7 t
Indienststellung		1973
Anzahl (Züge)		3

Baureihe 410

Für die ab 1991 zu befahrenen Schnellfahrstrecken wählte die Deutsche Bundesbahn Triebzüge, die mit einer Geschwindigkeit von 250 km/h verkehren sollten. Weil es aber in Deutschland keine passenden Fahrzeuge gab, mussten sie neu entwickelt werden. Man entschied sich für Züge mit Triebköpfen und für eine elektrische Ausrüstung, die auf der Baureihe 120 basierte.

1982 begannen die Planungen für den Versuchs- und Demonstrationszug »InterCity-Experimental« (ICE), an denen eine Vielzahl Lokomotivfabriken und Ausstatter beteiligt waren. So montierte Krupp den 410 001, der 410 002 kam von Thyssen-Henschel. Die Mittelwagen (Baureihe 810) entstanden bei Messerschmitt-Bölkow-Blohm, Duewag und Linke-Hofmann-Busch. Sie waren mit Messräumen und Designstudien für künftige Fahrgasträume ausgestattet.

1985 wurde Zug zusammengestellt, im Betriebswerk Frankfurt/Main beheimatet und begann seine Mess- und Testfahrten für die Zentralämter in München und Minden. Im November 1985 überschritt er erstmals die 300-km/h-Grenze. Anfang Mai 1988 erreichte der Zug die Weltrekord-Geschwindigkeit von 406,9 km/h. Diese wurde jedoch kurze Zeit später vom französischen TGV mit 515,3 km/h um mehr als 100 km/h übertroffen. Zwar war der Zug auch mit Reisenden unterwegs. Hierbei handelte es sich aber immer um Test- und Präsentationsfahrten. In den regulären Plandienst gelangte er nie.

Nachdem die Erprobungen für den ICE 1 abgeschlossen waren, diente der Zug noch zur Entwicklung des ICE 2. Dazu bekamen die Triebköpfe die für den ICE 2 benötigten automatischen Kupplung samt der zugehörigen Bugklappen.

Anfang 1994 ging der Zug in den Bestand der Deutschen Bahn AG über.

Baureihe		**410**
Radsatzfolge		**Bo'Bo'+2'2'+2'2'+2'2'+Bo'Bo'**
Länge über Kupplung	**Triebkopf**	**20.160 mm**
	Mittelwagen	**24.340 mm**
	Zug (5-teilig)	**113.340 mm**
Treibraddurchmesser		**1.000 mm**
Radsatzstand	**Endwagen**	**14.460 mm**
	Mittelwagen	**19.800 mm**
Höchstgeschwindigkeit		**350 km/h**
Leistung		**8 x 910 kW**
Dienstmasse		**298,5 t**
Indienststellung		**1985**
Anzahl (Züge)		**1**

Baureihe 420

Um dem Fahrgastandrang zu den Olympischen Spielen im Sommer 1972 in München Herr zur werden, eröffnete die Deutsche Bundesbahn ein S-Bahn-Netz um und durch die Stadt. Dafür wurden Fahrzeuge benötigt, die den Anforderungen, wie häufiges Halten, schnelles Anfahren und starken Fahrgastwechseln gewachsen waren. Es entstanden dreiteilige Triebzüge, bei denen alle Radsätze angetrieben waren. Auf Übergänge zwischen den Wagen hatte man verzichtet, was sich im Betrieb als nachteilig erwies. Die Züge der Baureihen 420 (Endwagen) und 421 (Mittelwagen) waren auch für Frankfurt/Main, das Rhein/Ruhr-Gebiet und Stuttgart vorgesehen. Sie waren die ersten für den S-Bahn-Verkehr in den Wechselstromnetzen gebauten Fahrzeuge in Deutschland.

Die ersten drei Probezüge wurden 1969 geliefert und bis 1981 wurden 390 Züge gebaut. Nach einer Pause von knapp zehn Jahren entstanden zwischen 1990 und 1997 noch einmal 90 Züge, diesmal mit verstärkten Bremssystemen für die steigungsreichen Strecken in Stuttgart.

Von Beginn an wurden alle Mittelwagen in Aluminium-Leichtbauweise hergestellt. Die Endwagen fertigte man bei den ersten Serien noch in Stahlbauweise, ab 420 131 dann ebenfalls in Aluminium. Dies sparte rund neun Tonnen Leergewicht. Ausgerüstet mit einer automatischen Scharfenbergkupplung konnten bis zu drei Einheiten gemeinsam von einem Führerpult aus gesteuert werden.

Auf jeder Seite eines jeden Wagens befanden sich je vier elektropneumatisch angetriebene, zweiflügelige Schiebetüren, die vom Triebfahrzeugführer zentral freigegeben und geschlossen werden konnten. Auf Stirnübergänge und Toiletten hatten die Konstrukteure verzichtet.

Ursprünglich sollten die Züge je nach Netz unterschiedlich farbige Fensterbänder bekommen. In München sollte es blau werden, für das Rhein/Ruhr-Gebiet waren orangefarbene und Frankfurt rote Bänder vorgesehen. Viele Wagen bekamen auch Vollwerbungen, sodass die Züge in den unterschiedlichsten Farben unterwegs waren.

Ab 1979 stellte die Bahn die S-Bahn-Züge im Rhein/Ruhr-Gebiet auf lokbespannte Wagenzüge um, sodass die Triebwagen bis 1984 nach München, Frankfurt/Main und Stuttgart abgegeben werden konnten. Ein Mangel an Loks und Wagen brachte die 420/421 zwischen 1990 und 1992 wieder ins Rhein/Ruhr-Gebiet zurück. Die Fahrzeuge kamen leihweise aus Frankfurt/Main.

Baureihe		420
Radsatzfolge		Bo'Bo'+Bo'Bo'+Bo'Bo'
Länge über Kupplung	Endwagen	23.300 mm
	Mittelwagen	20.800 mm
	Zug (3-teilig)	67.400 mm
Treibraddurchmesser		850 mm
Radsatzstand	Endwagen	19.000 mm
	Mittelwagen	16.500 mm
Höchstgeschwindigkeit		120 km/h
Leistung		12 x 200 kW
Dienstmasse		149 t, 129 t*
Indienststellung		1969–1981, 1990–1997
Anzahl (Züge)		480
* ab Zug 231 (Endwagen in Leichtbauweise)		

Baureihe ET 25, ET 32, ET 45, ET 55, (ab 1968: BR 425, 432, 445, 455)

Die Deutsche Reichsbahn-Gesellschaft (DRG) beschaffte ab Mitte der 1930er-Jahre für den Schnell- und Eilzugdienst auf ihrem elektrifizierten Streckennetz unterschiedliche Triebwagen. Dazu gehörten auch die zweiteiligen Vorortriebwagen der Baureihe ET 25, die dreiteiligen Schnelltriebwagen der Baureihe ET 31 und die zweiteiligen Nahverkehrstriebwagen Baureihe ET 55. Zu den ET 25 entstanden vierachsige Steuerwagen ES 25, mit denen sie zu dreiteiligen Zügen erweitert werden konnten.
Nach dem Krieg arbeitete die Deutsche Bundesbahn die bei ihr verbliebenen Triebwagen auf und setzte sie weiterhin ein. Ende der 1950er-Jahre hatten die Fahrzeuge aber das Ende ihrer Nutzungszeit erreicht. Weil die Bundesbahn aber noch nicht auf sie verzichten konnte, entschloss sie sich zu einer grundlegenden Modernisierung. Federführend war dabei das Ausbesserungswerk Stuttgart-Bad Cannstatt, das für die Triebwagen eine neue Kopfform mit zwei großen Stirnfenstern, getrennten, roten und weißen Stirnlampen und einer neuen Führerraumeinrichtung entwickelte – den so genannten »Cannstatter Kopf«. Als Neuerungen bekamen die Züge Stromabnehmer vom Typ DBS 54 mit Doppelschleifstücken, eine Türschließeinrichtung, neue Druckluft-Hauptschalter, Leuchtstofflampen in den Fahrgasträumen, eine Sicherheitsfahrschaltung und die Indusi I 60.
Der Umbau begann in der ersten Hälfte der 1960er-Jahre. Dabei wurden alle Triebwagen in dreiteilige Züge umgewandelt. Bei den Steuerwagen der Baureihe ES 25 wurden die Führerstände aus- und Stirnübergänge eingebaut, sodass sie als Mittelwagen zwischen zwei Triebwagen der Baureihe ET 25 und ET 55 gekuppelt werden konnten.
Die vier dreiteiligen ET 31, bei denen alle drei Wagen angetrieben waren ergänzte man um antriebslose Mittel- bzw. Steuerwagen, sodass sechs dreiteilige, nun als ET 32 bezeichnete Züge mit nur je zwei angetriebenen Wagen entstanden.
1968 hatte die Deutsche Bundesbahn 17 Züge der Baureihe ET 25 im Bestand, die in 425 umgezeichnet wurden. Die sechs ET 32 wurden in 432 und die sieben ET 55 wurden in 455 umbenannt.
Die ET 25 waren unter anderem in Basel Bad. Bf, Esslingen, Freilassing, Haltingen, Heidelberg, München, Nürnberg, Offenburg und Tübingen

beheimatet. 1970 wurden sie in Tübingen zusammengezogen und befuhren nahezu alle von Stuttgart ausgehenden Strecken. Im September 1985 schieden die letzten drei Züge aus dem Bestand aus. Der ET 25 015 blieb als Museumszug erhalten und war bei den großen Lokparaden 1985 in Nürnberg mit dabei. Später bekam er wieder seine korbbogenförmige Stirnfront mit den vier kleinen Fenstern.
Die ET 32 waren überwiegend im Raum Nürnberg unterwegs. Nur zwischen 1958 und 1961 fuhren sie von München aus. 1984 musterte die Deutsche Bundesbahn die letzten Triebzüge der Baureihe 432/832 aus. Leider blieb keiner dieser Züge der Nachwelt erhalten.
Die ET 55 kamen 1956 komplett nach Esslingen und waren im Großraum Stuttgart unterwegs. Anfang der 1970er-Jahre verlagerte sich der Einsatzschwerpunkt in Richtung Aalen und Nördlingen. 1977 wechselten sie nach Tübingen und 1981 nach Heidelberg von wo aus sie nach Ludwigshafen und Osterburken unterwegs waren. 1984 wurden die 455 ausgemustert. Auch von dieser Baureihe blieb kein Zug erhalten.
Für die mit 20 kV/50 Hz-Wechselspannung betriebene Höllentalbahn im Schwarzwald entstand 1950 aus einem ET 25 der ET 255 01a/b. 1962 wurde er auf 15 kV/16 2/3 Hz zurückgebaut und als ET 45 01a/b (nach 1968: 445 001/401) eingereiht. 1966/67 wurde er mit einer für die damalige Zeit hochmodernen kontaktlosen Thyristorsteuerung ausgestattet. Er war bis 1971 in Freiburg, Heidelberg und Offenburg im Einsatz und wurde 1972 ausgemustert. Der zweiteilige Zug bekam weder den »Cannstatter Kopf« noch einen Mittelwagen.

Baureihe	ET 25, ET 32, ET 45, ET 55 (425, 432, 455)	
Radsatzfolge		Bo'2'+2'2'+2'Bo', Bo'2'+Bo'2'+2'2'**
Länge über Puffer	Endwagen	22.130 mm
	Mittelwagen	22.010 mm
	Zug (3-teilig)	66.270 mm, 68.670 mm**
Treibraddurchmesser		950 mm*, 970 mm**
Radsatzstand	Endwagen	17.200 mm
	Mittelwagen	16.900 mm
Höchstgeschwindigkeit		120 km/h, 90 km/h***
Leistung		920 kW*; 975 kW***
Dienstmasse		124 t* 126 t***
Indienststellung		1963–1966
Anzahl (Züge)		17*, 6**, 8***
* Baureihe 425		
** Baureihe 432		
*** Baureihe 455		

Baureihe ET/ES 26 (ab 1968: BR 426/826)

Die ET 182 waren zunächst auf dem mit Gleichspannung elektrifizierten Teilstück der Isartalbahn zwischen München Isartalbahnhof und Höllriegelskreuth-Grünwald unterwegs, das im Mai 1955 auf Wechselspannung umgestellt wurde. Somit konnte die ET 182 nicht mehr genutzt werden. Weil auf die Züge aber noch nicht verzichtet werden konnte, baute Wegmann in Kassel die vier Triebwagen in Wechselspannungsfahrzeuge um und übergab sie der Deutschen Bundesbahn, die sie als ET 26 einreihte. Die ET 182 wiederum entstanden in den 1940er-Jahren aus Wagenkästen, die für die Berliner S-Bahn vorgesehen waren.

Die zweiteiligen Wagen bestanden aus einem Triebwagen und einem vierachsigen Steuerwagen ohne Antrieb. Die beiden einmotorigen Triebdrehgestelle entfielen. Der Antrieb erfolgte nun durch das vordere Triebdrehgestell (Bauart München-Kassel) mit zwei Wechselstrom-Reihenschlussmotoren und dem neuentwickelten BBC-Gummiringantrieb.

Die Züge bekamen keine Stirnübergänge, sodass Reisende die Wagen während der Fahrt nicht wechseln konnten. Markant an den ET 26 war der einzelne Stromabnehmer über dem Gepäckraum am Ende der Triebwagen. Die ET 26 kamen nach ihrem Umbau zunächst nach München. 1958 wurden sie nach Rosenheim umgesetzt, von wo aus sie nach Freilassing und Kufstein unterwegs waren. Ab Dezember 1961 waren sie wieder in München zuhause. 1965 kamen sie nach Regensburg, wo sie nach Nürnberg und Landshut fuhren. Letzte Heimat der 426 war ab 1972 das Bw Koblenz (Mosel). Hier wurden die Fahrzeuge nach Neuwied, Nieder- und Oberlahnstein sowie nach Kobern-Gondorf eingesetzt. 1977/78 schieden alle vier Triebwagen aus dem Bestand aus. 426 002 blieb als Museumsfahrzeug erhalten.

Baureihe		**ET/ES 26 (426/826)**
Radsatzfolge		**Bo'2' + 2'2'**
Länge über Puffer		**37.320 – 37.505 mm**
Treibraddurchmesser		**1.100 mm**
Radsatzstand	**Triebwagen**	**15.350 – 15.550 mm**
	Steuerwagen	**14.550 – 15.075 mm**
Höchstgeschwindigkeit		**120 km/h**
Leistung		**2 x 290 kW**
Dienstmasse		**76 t**
Indienststellung		**1957**
Anzahl (Züge)		**4**

Baureihe ET 27 (ab 1968: BR 427)

Im Jahr 1961 bestellte die Deutsche Bundesbahn fünf dreiteilige Triebzüge einer neuen Generation, die für den Einsatz in S-Bahn-Netzen und im schnellen Vorortverkehr vorgesehen waren. Damit die Züge schnell beschleunigen konnten, waren alle Radsätze der beiden Endwagen angetrieben, lediglich die Mittelwagen blieben ohne Antrieb. Bei der Gestaltung der Innenräume orientierte man sich an den Hamburger S-Bahn-Triebwagen mit ihren großen Doppelschiebetüren. Bemerkenswert bei den ET 27 war der nur 905 mm hohe Fußboden, der auch bei niedrigen Bahnsteigen ein bequemes Ein- und Aussteigen ermöglichte.

Den mechanischen Teil der fünf Züge lieferten MAN und Wegmann für die elektrische Ausrüstung waren von AEG und BBC verantwortlich.

Die Züge bekamen erstmals eine mehrlösige, lastabhängige Druckluft-Scheibenbremsen und eine kombinierte eigen- und fremderregte Widerstandsbremse. Dank Mehrfachsteuerung konnten bis vier Züge im Verband gefahren werden. Automatische Scharfenberg-Kupplungen verbanden die Züge untereinander. Sie kuppelten auch die elektrischen und die Bremsleitungen.

Die Triebzüge wurden zunächst ausgiebig untersucht. Dazu wurden sie in Dortmund bzw. Hagen-Eckesey beheimatet. Später kamen sie nach Tübingen und wurden im Stuttgarter Vorort- und Regionalverkehr eingesetzt. 1978 nahm die S-Bahn im Großraum Stuttgart ihren Betrieb auf und die Garnituren wurden nach Plochingen umbeheimatet. Ihr Einsatzgebiet verlagerte sich auf die Strecken zwischen Stuttgart und Ulm und auf die Güterumgehungsbahn zwischen Stuttgart-Untertürkheim und Kornwestheim. 1981 wurden die fünf Züge wieder nach Tübingen umgesetzt, an ihrem Einsatzgebiet änderte sich dadurch aber nicht viel. Im Dezember 1986 wurden die letzten vier 427 ausgemustert.

Baureihe		**ET 27 (427)**
Radsatzfolge		**Bo'Bo'+2'2'+Bo'Bo'**
Länge über Kupplung		**73.850 mm**
Treibraddurchmesser		**900 mm**
Radsatzstand	**Triebwagen**	**19.150 mm**
	Mittelwagen	**18.150 mm**
	Zug	**67.770 mm**
Höchstgeschwindigkeit		**120 km/h**
Leistung		**8 x 150 kW**
Dienstmasse		**135 t**
Indienststellung		**1964–1965**
Anzahl (Züge)		**5**

Baureihe ET 30, ET 56 (ab 1968: BR 430, 456)

Zwar hatte die Deutsche Bundesbahn bei Ihrer Gründung im Jahr 1949 die Vorort-Triebwagen der Baureihen ET 25, ET 32 und ET 55 in ihrem Bestand. Die Fahrzeuge reichten aber nicht aus, den Bedarf im ständig wachsenden Nah- und Städteschnellverkehr im elektrifizierten Streckennetz zu decken. Deshalb begann sie schon Anfang der 1950er-Jahre in Zusammenarbeit mit den Waggonbaufirmen Fuchs in Heidelberg, Rathgeber in München, der Maschinenfabrik Esslingen und BBC in Mannheim mit der Entwicklung neuer Triebwagen für dieses Einsatzgebiet.

Bei der Gestaltung der Kopfform lehnte man sich an den 1951 umgebauten Triebwagen VT 92 501 mit seinen runden stromlinienförmigen Stirnpartien an, was den Zügen später den Namen »Eierköpfe« einbrachte. Der Aufbau der Wagenkästen stammte aus dem Flugzeugbau. Sie waren eine selbsttragende, verwindungssteife Röhrenkonstruktion in kombinierter Spanten- und Schalenbauweise. Die elektrischen Aggregate stammten zum großen Teil aus ausgemusterten Vorkriegstriebwagen und Ersatzteilbeständen. Die Züge setzten sich aus den beiden Endwagen (ETa und ETb) und einem Mittewagen (EM) zusammen. Hatten die Endwagen an den äußeren Enden je ein Triebdrehgestell mit zwei angetriebenen Radsätzen, bekamen die Mittelwagen (EM) nur Laufdrehgestelle.

Die als ET 56 bezeichneten Züge waren für den Regionalverkehr in den Großräumen Nürnberg und Stuttgart vorgesehen. 1952 wurden sieben Züge in Dienst gestellt. 1952 bis 1956 waren zwei ET 56 in Nürnberg beheimatet, von wo aus sie nach Forchheim und Schwabach fuhren. Die anderen ET 56 kamen nach Tübingen, wohin die beiden Nürnberger Triebwagen ebenfalls folgten. Sie wurden unter anderem nach Heilbronn und Waiblingen eingesetzt. 1970 gingen alle 456 im Tausch gegen Triebwagen der Baureihe 425 nach Heidelberg und waren in Nord-Baden unterwegs. Später fuhren sie auch nach Osterburken und bis ins südbadische Lahr. 1985/86 schieden alle Triebzüge aus dem Plandienst aus. Zuvor waren besonders stark verschlissene Einzelwagen abgestellt worden, sodass es Züge mit unterschiedlichen Nummern gab. So wurde beispielsweise der ozeanblau/beige lackierte 456 406 mit den roten 856 001 und 456 103 gekuppelt.

Auch für den Regionalverkehr im Ruhrgebiet bestand Bedarf an neuen Fahrzeugen. Die Deutsche Bundesbahn griff auf den ET 56 zurück und ließ ihn an die dortigen Verhältnisse anpassen. So hatten die als ET 30 eingereihten Züge große Doppel-Falttüren statt der Schiebe-

türen der ET 56. Der erste ET 30 wurde im März 1956 von der abgenommen. Ihm folgten 23 weitere dreiteilige Züge.
Auch bei diesen Zügen bestand eine Einheit aus zwei angetriebenen Endwagen mit je einem Führerraum und einem antriebslosen Mittelwagen. Die automatische Scharfenberg-Mittelpufferkupplung und die passende elektrische Ausstattung erlaubte es, bis zu vier Einheiten von einem Führerstand fahren zu können. Die ET 30 wurden zunächst in Bayern beheimatet. 15 Züge kamen nach München, die restlichen neun nach Nürnberg. 1957 wurden die meisten ET 30 in Dortmund zusammen gezogen und im Nahverkehr nach Bochum, Duisburg, Düsseldorf, Essen, Hamm und Wattenscheid eingesetzt. Sechs standen weiterhin in Nürnberg im Dienst. 1967 gingen die 18 Dortmunder ET 30 nach Hamm. 1972 kamen auch die Nürnberger Züge dorthin, sodass nun alle 430 in Hamm zu Hause waren.
Hoher Verschleiß durch die starke Beanspruchung und Korrosionsschäden durch die aggressive Luft im Ruhrgebiet setzten den Zügen im Laufe der Zeit stark zu. Deshalb wurden 1984 erste 430 ausgemustert und Ende Juli 1984 quittierten die letzten den Dienst. Der ET/EM 30 014 blieb zusammen mit dem Mittewagen EM 30 011 zunächst als vierteiliger Museumszug erhalten. Drei Wagen des Zugs wurden aber 2006 verschrottet und der 430 414 ging als Leihgabe an die Schienenverkehrsgesellschaft mbH (SVG) in Stuttgart.

Baureihe		**ET 30, ET 56 (430, 456)**
Radsatzfolge		**Bo'2'+2'2'+2'Bo'**
Länge über Kupplung		**80.360 mm*, 79.970 mm***
Treibraddurchmesser		**1.100 mm*, 980 mm***
Radsatzstand	**Triebwagen**	**22.050 mm**
	Mittelwagen	**21.050 mm**
	Zug	**75.450 mm*, 75.560 mm***
Höchstgeschwindigkeit		**120 km/h*, 90 (110) km/h***
Leistung		**1.760 kW*, 1.020 – 1.100 kW***
Dienstmasse		**148 t*, 121 t***
Indienststellung		**1955–1956*, 1952***
Anzahl (Züge)		**24*, 7***
*** Baureihe 430**		
***** Baureihe 456**		

Baureihe ET/ES 65 (ab 1968: BR 465, 865)

Für den elektrischen Vorortverkehr im Großraum Stuttgart beschaffte die Deutsche Reichsbahn-Gesellschaft ab 1933 insgesamt 25 Exemplare der Baureihe ET 65. Sie bestanden aus einem Triebwagen, einem aus zwei zweiachsigen Personenwagen gebildeten Doppel-Mittelwagen und einem Steuerwagen. Nach dem Krieg nahm die Deutsche Bundesbahn 23 dieser Züge wieder in Betrieb.

Der mechanische Teil der Züge kam von der Maschinenfabrik Esslingen, die elektrische Ausrüstung stammte von BBC. Während die ersten Bauserien noch genietet waren, nutze man bei den später gelieferten Fahrzeugen bereits die Schweißtechnik.

Anfang der 1960er-Jahre wurden die Züge in das Modernisierungsprogramm aufgenommen. Vierachsige Umbauwagen der Bauart B4yg ersetzten die alten Mittelwagen. Der »Cannstatter Kopf« wurde eingebaut und die Holzbänke gegen kunstledergepolsterte Sitze ausgetauscht.

Vor Ende des Zweiten Weltkriegs wurden ET 51 01, ES 51 11, EB 51 01 und 04 nach Stuttgart gebracht und zusammen mit den ET 65 eingesetzt. Sie wurden ebenfalls aufgearbeitet und der ET 51 01 als ET 65 031 wieder in Betrieb genommen.

Die ET 65 waren Zeitlebens im Großraum Stuttgart unterwegs. Die Eröffnung des S-Bahn-Betriebs in Stuttgart im Oktober 1978 brachte die Ausmusterung mit sich. Die meisten Triebwagen wurden verschrottet, die Mittelwagen wieder als normale Reisezugwagen eingesetzt. Vier zweiteilige Züge hielt die Bundesbahn noch für Sondereinsätze betriebsfähig. So übernahmen sie Zubringeraufgaben zu den Jubiläen im AW München-Freimann (1978) und Stuttgart-Bad Cannstatt (1979). Mit 465 006 verabschiedete sich im Januar 1980 der letzte 465 und wechselte in den Museumsbestand.

Baureihe		**ET/ES 65 (465, 865)**
Radsatzfolge		**Bo'Bo'+2'2'+2'2'**
Länge über Puffer		**60.460 mm**
Treibraddurchmesser		**1.000 mm**
Radsatzstand	**Triebwagen, Steuerwagen**	**15.800 mm**
	Mittelwagen	**15.000 mm**
	Zug	**55.760 mm**
Höchstgeschwindigkeit		**85 km/h**
Leistung		**924 kW**
Dienstmasse		**51,9 t**
Indienststellung		**1961–1963**
Anzahl (Züge)		**23, 1***

***465 031**

Baureihe ET 170 (ab 1968: BR 470)

Im Jahr 1955 war der Umbau des Hamburger S-Bahn-Netzes von Oberleitungsbetrieb auf Stromschienenbetrieb abgeschlossen und die Deutsche Bundesbahn begann nun mit dem Bau neuer Strecken. Dafür wurden auch neue Triebfahrzeuge benötigt. Deshalb bestellte das Bundesbahn-Zentralamt (BZA) zunächst 16 Triebzüge, die auf den Fahrzeugen der Baureihe ET 171 (471) aufbauten. Zwischen 1967 und 1970 wurden weitere 29 Züge gekauft, sodass sich der Gesamtbestand auf 45 Einheiten belief. MAN, Rathgeber und O&K lieferten den mechanischen Teil, die elektrische Ausstattung stammte von BBC oder SSW. Die Drehgestelle der Bauart München-Kassel waren eine Neukonstruktion von Wegmann und dem BZA München.

Die dreiteiligen Züge hatten zwei Endwagen 2. Klasse mit vier angetriebenen Radsätzen und einen Mittelwagen ohne Antrieb, der komplett der 1. Klasse zugeordnet wurde. Vier Gleichstrom-Reihenschlussmotoren trieben über Tatzlager alle Radsätze der Endwagen an.

Die Wagenkästen waren eine geschweißte Leichtbaukonstruktion aus Stahl. Vier Doppelschiebetüren pro Wagenseite ermöglichten einen schnellen Fahrgastwechsel. Auf Toiletten und eine Übergangsmöglichkeit zwischen den einzelnen Wagen wurde allerdings verzichtet. Die ET 170 hatten eine Vielfachsteuerung und konnten in Doppel- und Dreifachtraktion – auch zusammen mit der Baureihe ET 171 – eingesetzt werden. Sie waren zunächst dunkelblau lackiert, nur die Mittelwagen hatten ein cremefarbenes Fensterband. Später wurden die Züge ozeanblau/beigefarben lackiert, allerdings war das Fensterband blau und der untere Teil des Kastens hell. 1968 wurden die in Hamburg-Ohlsdorf beheimateten ET 170 in 470 umgezeichnet. Alle 45 Einheiten kamen 1994 zur Deutschen Bahn AG.

Baureihe		**ET 170 (470)**
Radsatzfolge		**Bo'Bo'+2'2'+Bo'Bo'**
Länge über Kupplung		**65.520 mm**
Treibraddurchmesser		**950 mm**
Radsatzstand	**Triebwagen**	**18.180 mm**
	Mittelwagen	**15.960 mm**
	Zug	**58.620 mm**
Höchstgeschwindigkeit		**100 km/h**
Leistung		**1.280 kW**
Dienstmasse		**111 t**
Indienststellung		**1959–1970**
Anzahl (Züge)		**45**

Baureihe 472/473

In den 1970er-Jahren nahm die Hamburger S-Bahn die City-Linie mit Steigungen von bis zu 40 Promille in Betrieb, die die Innenstadt unterquert. Für diese Verbindung vom Hauptbahnhof über den Jungfernstieg und die Landungsbrücken nach Altona benötigte die Deutsche Bundesbahn neue, besonders zugkräftige Fahrzeuge. Deshalb entwickelten das BZA München in Zusammenarbeit mit mehreren Schienenfahrzeugherstellern die ab 1974 gebauten Triebwagen der Reihe 472. Zunächst wurden 30 Einheiten der dreiteiligen Züge beschafft, bei denen alle zwölf Radsätze angetrieben sind. Die Mittelwagen trugen die Baureihennummer 473. In den Jahren 1982 bis 1984 folgten noch einmal 32 Züge, sodass 62 Einheiten zur Verfügung standen.

Die Wagenkästen waren eine Leichtmetall-Schweißkonstruktion aus Großstrang-Pressprofilen. Die Stirnpartien bestanden aus glasfaserverstärkten Polyesterbauteilen, die vom Design-Center der Bundesbahn entworfen worden waren. Wie bei den Vorgängern war wieder der komplette Mittelwagen der 1. Klasse vorbehalten. Auch die Anordnung mit vier Doppeltüren je Wagenseite wurde übernommen. Die Züge hatten an beiden Enden automatische Mittelpufferkupplungen der Bauart Scharfenberg. Sie konnten deshalb mit den anderen Baureihen der Hamburger S-Bahn gekuppelt werden. Die Wagen eines Zugs waren untereinander mit einer Kurzkupplung verbunden, die sich nur in einer Werkstatt trennen ließ. Sie liefen auf luft- und gummigefederten Drehgestellen. Die ersten 30 Einheiten wurden bevorzugt auf der City-Linie eingesetzt, die später in die Linien S 1 bis S 3 überging. Nachdem alle Fahrzeuge zur Verfügung standen, kamen die 472 auch auf den S-Bahn-Linien S 11 und S 21 zum Einsatz. Wie alle Hamburger S-Bahn-Triebwagen waren auch die 472 in Hamburg-Ohlsdorf beheimatet.

Baureihe		**472/473**
Radsatzfolge		**Bo'Bo'+Bo'Bo'+Bo'Bo'**
Länge über Kupplung		**65.820 mm**
Treibraddurchmesser		**850 mm**
Radsatzstand	**Endwagen**	**18.690 mm**
	Mittelwagen	**15.090 mm**
	Zug	**58.770 mm**
Höchstgeschwindigkeit		**100 km/h**
Leistung		**1.500 kW**
Dienstmasse		**114 t**
Indienststellung		**1974–1984**
Anzahl (Züge)		**62**

Baureihe ETA/ESA 150 (ab 1968: BR 515/815)

Nach ersten Erfahrungen mit den 1952 bis 1954 gebauten acht Akkutriebwagen der Baureihe ETA 176 entschloss sich die Deutsche Bundesbahn zur Beschaffung einer größeren Serie Triebwagen mit diesem Antriebskonzept, um unrentable Dampfloks im Nah- und Regionalverkehr auf nicht elektrifizierten Strecken abzulösen. Nach den beiden Voraus-Triebwagen ETA 150 001 und 002 bestellte die Bundesbahn in mehreren Bauserien zwischen 1954 und 1965 insgesamt 230 einteilige Triebwagen und 216 passende Steuerwagen, die als ETA 150 bzw. ESA 150 bezeichnet wurden.

Rathgeber, O&K, DWM und MAN lieferten die Wagen. Die Baulose unterschieden sich bei der Innenraumaufteilung. Die ersten 33 Triebwagen hatten nur Plätze der 3. bzw. späteren 2. Klasse. Alle weiteren Wagen boten auch Reisenden der 1. Klasse einen Sitzplatz. Die Leistung der Batterien konnte von 352 kWh bei ersten Fahrzeugen auf 564 kWh bei den später gelieferten gesteigert werden.

Von den beiden Drehgestellen der Bauart München-Kassel wurde eines mit zwei eigenbelüfteten Gleichstrom-Reihenschlussmotoren ausgestattet, die auf einen Tatzlagerantrieb wirkten.

Die ETA 150 wurden als Einzelwagen oder als Pärchen zusammen mit einem Steuerwagen der Baureihe ESA 150 eingesetzt. Die Vielfachsteuerung erlaubte aber auch Züge aus mehreren Trieb- und Steuerwagen. Dank normaler Zug- und Stoßvorrichtungen konnten auch Reisezug- oder Güterwagen mitgenommen werden.

Die ab 1968 als 515 (Triebwagen) und 815 (Steuerwagen) bezeichnen Fahrzeuge, waren in über 25 Betriebswerken beheimatet. Anfang der 1980er-Jahre begann die planmäßige Ausmusterung und Ende 1993 waren nur noch 26 Fahrzeuge im Bestand.

Baureihe		ETA/ESA 150 (515/815)
Radsatzfolge	Triebwagen	Bo'2'
	Steuerwagen	2'2'
Länge über Puffer		23.400 mm
Treibraddurchmesser		950 mm
Radsatzstand		17.700 mm
Höchstgeschwindigkeit		100 km/h
Leistung		2 x 100 kW
Dienstmasse	Triebwagen	49 t oder 56,6 t
	Steuerwagen	23 t
Indienststellung		1953–1965
Anzahl		232*, 216**

* Baureihe 515, ** Baureihe 815

Baureihe ETA/ESA 176 (ab 1968: BR 517/817)

Ende der 1940er-Jahre griff die Deutsche Bundesbahn den Gedanken akkugetriebener Schienenfahrzeuge wieder auf. Akkutriebwagen wurden schon in größerer Stückzahl von den preußischen Staatsbahnen und von der Deutschen Reichsbahn beschafft. Einige dieser Wagen blieben nach dem Krieg in Westdeutschland, sodass hier Erfahrungen mit dieser Antriebsart gesammelt werden konnten. Die Weiterentwicklung der Akkumulatortechnik veranlasste die Deutsche Bundesbahn zur Beschaffung zweier Probewagen, die 1952 von Wegmann bzw. SSW und AEG geliefert und als Baureihe ETA 176 eingereiht wurden. Wegen der guten Ergebnisse folgten 1953/54 sechs weitere Fahrzeuge. Ab 1954 ergänzten acht passende Steuerwagen die Triebwagen, sodass acht zweiteilige Züge gebildet werden konnten. Die Fahrzeuge waren für den Bezirksverkehr und den Eilzugverkehr auf längeren Strecken vorgesehen.

Der selbsttragende Wagenkasten war eine verwindungssteife Röhre in kombinierter Spanten- und Schalenbauweise. Die Batterien kamen von der AFA in Hagen und waren zusammen mit der elektrischen Ausrüstung in einer geschlossenen Bodenwanne untergebracht. Die beiden Radsätze im Triebdrehgestell wurden durch zwei Tatzlagermotoren angetrieben. Der Zugang erfolgte auf jeder Wagenseite über zwei Drehfalttüren.

Die ETA 176 001 und 002 kamen nach München und wurden dort erprobt. Im Mai 1952 wurden sie nach Limburg umgesetzt. Die ETA 176 004, 176 005 und 176 008 waren zunächst im Bw Kassel beheimatet. Die ETA 176 006 und 007 gingen nach Hameln. Anfang der 1960er-Jahre zog die Bundesbahn alle Züge in Limburg zusammen, wo sie sie zwischen 1982 und 1984 als Baureihe 517 (Triebwagen) und 817 (Steuerwagen) ausmusterte. ETA 176 001 ging in den Bestand des DB-Museums über und wurde in den Lieferzustand zurückversetzt.

Baureihe		ETA/ESA 176 (517/817)
Radsatzfolge	Triebwagen	Bo'2'
	Steuerwagen	2'2'
Länge über Kupplung		27.000 mm
Treibraddurchmesser		980 mm
Radsatzstand		21.500 mm
Höchstgeschwindigkeit		100 km/h
Leistung		2 x 100 kW
Dienstmasse	Triebwagen	54 t, 59 t
	Steuerwagen	28 t
Indienststellung		1952–1954
Anzahl		8*, 8**

* Baureihe 517, ** Baureihe 817

Baureihe ETA 177

Bereits ab 1907 beschaffte die preußische Staatsbahn (KPEV) Akkutriebwagen in größerer Stückzahl. Auffallend dabei war der lange, vom Fahrgastraum getrennte Batterievorbau. Die Wagen hatten überwiegend zwei Gleichstrom- Reihenschlussmotoren, die über Tatzlagerantriebe auf die beiden mittleren Radsätze wirkten.

Nach dem zweiten Weltkrieg standen gut 70 Triebwagen auf dem Gebiet der späteren Bundesbahn. Ab 1949 wurden fast alle im AW Limburg (Lahn) generalüberholt und deren Vorbauten um 230 mm verlängert. 26 Triebwagen bekamen zwischen 1950 bis 1952 ein Nockenschaltwerk der Bauart BBC mit 18 Fahrstufen, Anfahrautomatik und neue Motoren. Für eine neue Vielfachsteuerung musste eine Hauptluftbehälterleitung eingebaut werden. Die Führerstände wurden auf eine sitzende Bedienung umgestellt. Die Übergänge zwischen den beiden Wagenteilen wurden mit geschlossenen Faltenbälgen ausgestattet, somit war ein Übergang während der Fahrt möglich. Die alte Zweikammerbremse wich einer Hildebrandt-Knorr-Druckluftbremse für Personenzüge. Die Höchstgeschwindigkeit konnte auf 75 km/h angehoben werden.

Die modernisierten Wagen bekamen den für Triebwagen der Bundesbahn üblichen roten Anstrich und wurden als Baureihe ETA 177 in den Bestandslisten geführt.

Nachdem alle Züge umgebaut und modernisiert worden waren, verteilte sie die Bundesbahn zunächst auf die Betriebswerke Düsseldorf Hbf, Duisburg Hbf, Essen Hbf, Hameln, Hildesheim, Kaiserslautern, Kassel, Kettwig, München Ost, Oberlahnstein, Recklinghausen, Wiesbaden und Worms. Letztes Betriebswerk für die ETA 177 war Düsseldorf. Dort wurde als letzte »Heulboje« im Februar 1964 der ETA 177 112 ausgemustert. Die Wagen waren zuvor aber nur noch im Arbeitszudienst tätig gewesen, öffentliche Fahrten gab es schon seit 1962 nicht mehr.

Baureihe	ETA 177
Radsatzfolge	2A+A2
Länge über Puffer	26.020, 26.320 mm
Treibraddurchmesser	930, 1.000 mm
Radsatzstand	7.650+7.650 mm
Höchstgeschwindigkeit	75 km/h
Leistung	192 kW
Dienstmasse	64,9; 67,0 t
Indienststellung (Umbau)	1949/51
Anzahl	26

TEE

Baureihe VT 08^5, VT 12^5 (ab 1968: BR 608, 612, 613)

Nachdem bei der Eisenbahn im Westen Deutschlands die größten Schäden des Zweiten Weltkriegs beseitigt waren, begann die Bahn ihr Netz zu erweitern und Angebot sowie Komfort zu verbessern. Dazu gehörte der Aufbau eines Schnellverkehrsnetzes, das sich an das Schnelltriebwagennetz der Deutschen Reichsbahn anlehnte. Weil die Deutsche Bundesbahn noch nicht genügend Fahrzeuge für dieses Netz hatte, beschaffte sie ab 1952 die hier vorgestellten VT 08^5.

Die Grundeinheit bestand aus einem Trieb-, einem Mittel- und einem Steuerwagen. Sie konnte aber um einen zweiten Mittelwagen ergänzt oder der Steuerwagen durch einen zweiten Triebkopf ersetzt werden. Die VT 08^5 lehnten sich an den Erprobungsträger VT 92 501 an, von dem sie die markanten runden Stirnfronten bekamen.

Die Wagenkästen entstanden in Leichtbauweise als selbsttragende und verwindungssteife Röhre. Automatische Mittelpufferkupplungen der Bauart Scharfenberg ermöglichten ein Kuppeln aller Wagen, dabei wurden auch die elektrischen und die Bremsleitungen verbunden.

Die Maschinenanlage war im vorderen Drehgestell des Triebkopfs untergebracht. Dabei wurden zunächst Motoren von Daimler- Benz, Maybach und MAN mit einer Leistung von 800 oder 1.000 PS sowie Getriebe von Maybach und Voith genutzt.

Dank einer Vielfachsteuerung konnten sechs Motorwagen, auch der Baureihen VT 07^5, VT 11^5 und VT 12^5 von einem Führerpult aus bedient werden.

Nach der Lieferung von weiteren sechs Triebköpfe und sieben Mittelwagen standen ab 1955 insgesamt 20 Triebköpfe, 22 Mittelwagen und 13 Steuerwagen zur Verfügung. Bei den nachgebauten Triebköpfen verzichtete man auf die Küche, denn sie waren als zweiter Triebkopf für die vorhandenen Züge vorgesehen.

Parallel zu den VT 08^5 bestellte die Deutsche Bundesbahn ähnliche Triebzüge für den Bezirks- und den Städteschnellverkehr. Der Aufbau der ebenfalls dreiteiligen VT 12^5 entsprach dem der VT 08^5. Der Innenraum war als Großraum ausgeführt und die Fahrzeuge hatten in der Mitte zusätzlich große zweiflügelige Schiebetüren für einen schnellen Fahrgastwechsel. Zunächst wurden vier komplette Züge geliefert. Ihnen folgten acht weitere Motorwagen und neun Mittelwagen. Damit gab es 12 Triebköpfe VT 12^5, 13 Mittelwagen VM 12^5 aber nur vier Steuerwagen VS 12^5. Zusammen mit den Reichsbahn-Schnelltrieb-

wagen VT 06 wurden die VT 08⁵ im Winter 1952/53 als »Rheinblitz« zwischen Dortmund und München, als »Schauinsland« zwischen Frankfurt/Main und Basel sowie als »Roland« zwischen Bremen und Basel eingesetzt. 1957 mussten die VT 08⁵ im TEE-Dienst einspringen, weil die VT 11⁵ noch nicht zur Verfügung standen.

Ab Mitte der 1960er-Jahre schieden die VT 08⁵ aus dem hochwertigen Dienst aus und wurden in gemischtklassige Triebwagen umgebaut. Zur Unterscheidung erhielten sie die Bezeichnung VT 08⁶. Mit der Einführung der computergerechten Bezeichnungen im Jahr 1968 wurden die VT 08⁵ als 608, die VT 08⁶ als 613 eingereiht. Die umgebauten VT 08⁶ wurden in Hamburg-Altona und Braunschweig beheimatet. 1982 wurden sie in Braunschweig zusammengezogen und bis 1985 alle abgestellt.

Die Nahverkehrstriebwagen der Baureihe VT 12⁵ waren zunächst in Dortmund beheimatet. Im Mai 1954 gab Dortmund die vier Triebwagen nach Hamburg-Altona weiter. Zum Winterfahrplan 1961/62 kamen zwei VT 12⁵ und drei VM 12⁵ nach Frankfurt/Main und wurden dort zusammen mit VT 08⁵ im Fernverkehr eingesetzt.

Anfang der 1980er-Jahre waren alle 612/912 in Hamburg-Altona zu Hause. 1982 wurden sie nach Braunschweig umbeheimatet und bis 1985 zusammen mit den 613 komplett ausgemustert, nachdem sie ihre letzten Leistung im Nahverkehrsdienst erbracht hatten.

Baureihe			**VT 08⁵, VT 12⁵ (608, 612, 613)**
Radsatzfolge			**B'2'+2'2'+2'2'**
Länge über Kupplung	**VT 08⁵**		**79.970 mm**
	VT 12⁵		**80.820 mm**
Radsatzstand	**Triebkopf**		**22.050 mm**
	Mittelwagen, Steuerwagen		**21.500 mm**
	Zug (3-teilig)	**VT 08⁵**	**75.010 mm**
		VT 12⁵	**75.610 mm**
Treibraddurchmesser			**930 mm**
Höchstgeschwindigkeit			**120 km/h, 140 km/h**
Leistung			**736 kW**
Dienstmasse			**119 t**
Indienststellung	**VT 08⁵**		**1952–1954**
	VT 12⁵		**1953–1957**
Anzahl	**VT 08⁵**		**20*, 22**, 13***
	VT 12⁵		**12*, 13**, 4***
*** Triebköpfe**			
**** Mittelwagen**			
***** Steuerwagen**			

Baureihe VT 10⁵

Auf der Verkehrsausstellung 1953 in München stellte die Deutsche Bundesbahn zwei Schnelltriebwagen vor, deren Konstruktion sich deutlich von den bisherigen Fahrzeugen unterschied. Es handelte sich um zwei Leichtbau-Gliedertriebzüge, die sich an das Prinzip der spanischen »Talgo«-Züge anlehnten, wo die einzelnen Glieder über ein- bzw. zweiachsige Laufwerke miteinander verbunden sind. An der Konstruktion war auch Franz Kruckenberg beteiligt, der seine Erfahrungen aus dem Flugzeugbau und mit dem Schienenzeppelin einfließen ließ.
Der Tagesgliederzug VT 10 501 von Linke-Hofmann-Busch in Salzgitter wurde von der Bundesbahn bezahlt. 1953 stand er auf der Internationalen Verkehrsausstellung in München. Er bestand aus zwei Triebköpfen und fünf Mittelgliedern, die über einachsige Laufwerke miteinander verbunden waren. Jeder Triebkopf wurde von zwei MAN-Motoren aus dem Lastwagenbau angetrieben. Den Nachtgliederzug VT 10 551 bestellte und zahlte die DSG. Die Deutsche Bundesbahn übernahm ihn 1955 in ihren Bestand. Auch er bestand aus zwei Triebköpfen zunächst fünf, später sechs bzw. sieben Mittelgliedern. Hier wählten die Konstrukteure zur Verbesserung der Laufeigenschaften zweiachsige Laufwerke als Verbindungen.

Ab 1954 fuhr der Tageszug als »Senator« zwischen Frankfurt/Main und Hamburg. Der Schlafwagenzug war als »Komet« zwischen Hamburg und Zürich unterwegs. Der tägliche Einsatz zeigte schnell, dass die Züge nicht den Erwartungen entsprachen. Deshalb wurde VT 10 501 bereits im November 1957 aus dem Betrieb genommen, VT 10 551 folgte kurze Zeit später. Beide Züge wurden bis auf ein Mittelglied des Nachtzugs 1963 verschrottet. Die Triebwagen dienten als Grundlage für die überaus erfolgreichen TEE-Triebwagen der Baureihe VT 11⁵.

Baureihe	**VT 10⁵**	
Radsatzfolge	**VT 10 501**	**B'1'1'1'1'1'B'**
	VT 10 551	**B'2'2'2'2'2'2'B'**
Länge über Kupplung	**VT 10 501**	**87.600 mm**
	VT 10 551	**108.900 mm**
Treibraddurchmesser		**900 mm**
Höchstgeschwindigkeit		**120 km/h**
Leistung		**472 kW**
Dienstmasse	**VT 10 501**	**104 t**
	VT 10 551	**122 t**
Indienststellung		**1953**
Anzahl (Züge)		**2**

Baureihe VT 11⁵ (ab 1968: BR 601, 602)

Um einen einheitlichen, hohen Standard im internationalen Fernschnellverkehr zu erreichen, wurde 1954 in Den Haag die Trans-Europ-Express-Kommission gegründet. Sie legte Eckdaten für die Fahrzeuge und den Betrieb fest. Um die TEE-Züge möglichst freizügig ohne längere Grenzaufenthalte einsetzen zu können, wurden Dieseltriebzüge der 1. Klasse mit Küche sowie Pass- und Zollkontrolle im Zug gefordert. Sie sollten einheitliche rot/cremefarben lackiert werden.

Die Bundesbahn ließ dafür die Triebzüge VT 11^5 bauen. Sie waren eine Gemeinschaftskonstruktion des Bundesbahn-Zentralamts München und der Maschinenfabrik Augsburg-Nürnberg (MAN), Linke-Hofmann-Busch (LHB) und Wegmann & Co. Zudem brachte die Deutsche Schlafwagen- und Speisewagengesellschaft (DSG) der Einrichtung der Speiseräume und Küchen ihre Wünsche ein.

Schlechte Erfahrungen mit den Gliederzügen der Baureihe VT 10^5 veranlassten die Ingenieure dieses Prinzip wieder zu verlassen und für den VT 11^5 einzelne Wagen mit je zwei zweiachsigen Drehgestellen vorzusehen.

Ein Zug bestand aus zwei Triebköpfen, Sitzwagen mit Abteilen oder Großräumen, einem Speisewagen mit Barbereich und einem Speisewagen mit Küchenbereich. Meistens wurden fünf Mittelwagen eingereiht. In den Endwagen waren außer dem Maschinenraum und dem Führerstand ein Gepäckraum, ein Abteil für das Zugpersonal, ein Zugsekretariat, ein Funkraum mit Sprechstelle und eine Personaltoilette zu finden. Das Grenz- und Zollpersonal hatte hier ebenfalls seinen Arbeitsplatz. Es konnten aber auch bis zu zehnteilige Einheiten gebildet werden. Die Züge konnten auf Fähren in Richtung Dänemark und Schweden verladen werden. Der selbsttragende und verwindungsweiche Aufbau entstand in Schalen- und Spantenbauweise aus Aluminium-Leichtmetallprofilen und -blechen.

Die VT 11^5 wurden ab Juni 1957 in das TEE- Netz eingereiht. Sie liefen unter anderem als TEE »Helvetia« zwischen Hamburg und Zürich und TEE »Rhein–Main« (Frankfurt/Main) – Amsterdam). Dafür waren sie in Frankfurt/Main, Dortmund und Hamburg-Altona beheimatet. Die E 10^{12} und der E 03 verdrängten die VT 11^5 immer weiter und 1972 wurde der letzte 601, wie die VT 11^5 seit 1968 hießen, aus dem TEE-Dienst genommen.

Nun wurden die Triebwagen im IC-Dienst eingesetzt. Mit der Einführung der zweiklassigen IC-Züge waren sie aber auch für diesen Einsatz

nicht mehr geeignet und bis April 1988 als Alpenseeexpress im Touristik-Sonderverkehr eingesetzt.

Zwei Jahre nachdem die letzte VT 11⁵-Garnitur abgestellt worden war, kam einer dieser formschönen Triebwagen noch einmal zu Planzugehren. Die Deutsche Reichsbahn setzte ihn 1990 als IC Max Liebermann zwischen Berlin und Hamburg ein.

Es zeigte sich, dass die Triebwagen für das 1971 eingeführte IC-System nicht genügend Leistung hatten, um die Fahrpläne mit acht Mittelwagen einhalten zu können. 1972 wurde deshalb in vier Triebköpfe eine Gasturbine mit einer Leistung von 1.434 kW eingebaut. Die als nun als Baureihe 602 bezeichneten Fahrzeuge waren 160 km/h schnell. Damit die Züge weiterhin mit elektrischer Energie versorgt werden konnten, blieb der Hilfdieselmotor erhalten.

1974 begannen die vier Triebköpfe ihren IC-Dienst. Sie wurden zunächst in Frankfurt/Main stationiert, wechselten aber schon vor Einsatzbeginn Anfang Oktober 1973 nach Hamburg-Altona. Ab dem Sommer 1975 wurden Triebköpfe der der Baureihen 602 und 601 gemeinsam in einem Zug verwendet. Damit konnte der Dienstplan ausgeweitet werden. Im Sommer 1976 gab es drei 601/602-Züge. Der vierte 602 war Reserve. Ihren letzten Umlauf bekamen die 602 für den Winterfahrplan 1977/78. 1978 wurde sie abgestellt und im Sommer/Herbst 1979 ausgemustert. Während ihrer Einsatzzeit konnten die Züge nie ganz die Erwartungen erfüllen, es kam immer wieder zu Ausfällen.

Baureihe		**VT 11⁵ (601, 602)**
Radsatzfolge		**B'2'+2'2'+2'2'+2'2'+2'2'+2'2'+2'B'**
Länge über Kupplung		**130.680 mm**
Radsatzstand	**Triebkopf**	**15.450 mm**
	Mittelwagen	**14.900 mm**
	Zug (7-teilig)	**124.960 mm**
Treibraddurchmesser		**950 mm**
Höchstgeschwindigkeit		**140 km/h**
Leistung		**2 x 1.029 kW**
Dienstmasse		**211 t**
Indienststellung		**1957**
Anzahl (Züge)		**9 + 1***

*** ein Reserve-Triebkopf**

Baureihe 610

Gleisbögen können von Zügen schneller durchfahren werden, wenn sich der Wagenkasten aktiv neigt, sich also wie ein Motorradfahrer in die Kurve legt. Unterschiedliche Bahnverwaltungen machten sich dieses Prinzip beispielsweise beim spanischen »Talgo«, beim schwedischen »X 2000« oder beim italienischen »Pendolino« zu Nutze. Auch die Deutsche Bundesbahn untersuchte in den 1970er-Jahren an Triebwagen der Baureihen 614 und 624 die gleisbogenabhängige Wagenkastensteuerung. Die Tests führten aber nicht zum gewünschten Erfolg und wurden wieder eingestellt. Erst 1991 wandte sich die Bundesbahn mit den Triebwagen der Baureihe 610 wieder diesem Thema zu. Die zweiteiligen Züge basierten auf dem »Pendolino« mit der Technik von FIAT und waren als Regional-Schnell-Bahnen vorgesehen. Die Entwicklung des mechanischen Teils übernahm MAN in Nürnberg unter Mitarbeit der MTU und DUEWAG, die elektrische Ausrüstung stammte von Siemens in Zusammenarbeit mit AEG. Bei den 610 konnten die Wagenkästen in geschweißter, selbsttragender Aluminiumbauweise aus Großstrangpressprofilen durch eine Hydraulik um 8° in beide Richtungen geneigt werden.
Ein Zug bestand aus den Triebwagen 610^0 und 610^5. Das vordere Drehgestell des 610^0 war ohne Antrieb. Bei den übrigen Drehgestellen wurde je ein Radsatz von einem AEG-Drehstrommotor über eine Gelenkwelle angetrieben.
1992 kamen 20 Einheiten zur Deutschen Bundesbahn und wurden in Nürnberg beheimatet. Von dort aus wurden sie einzeln oder in Mehrfachtraktion in Richtung Bayreuth und Hof aber auch nach Weiden, Schwandorf und Furth im Wald eingesetzt. Dabei konnte die Fahrzeit beispielsweise zwischen Nürnberg und Hof von 130 Minuten auf 100 Minuten gesenkt werden. Die Züge nach Bayreuth und Hof fuhren als Doppeleinheiten vereint bis Pegnitz, dort wurden sie getrennt, bzw. auf der Rückfahrt wieder vereinigt. 1994 gingen alle Wagen an die Deutsche Bahn AG über.

Baureihe	**610**
Radsatzfolge	**2'(A1)'+(1A)'(A1)'**
Länge über Kupplung	**51.750 mm**
Radsatzstand	**19.950 mm**
Treibraddurchmesser	**890 mm**
Höchstgeschwindigkeit	**160 km/h**
Leistung	**2 x 485 kW**
Dienstmasse	**95,3 t**
Indienststellung	**1992**
Anzahl (Züge)	**20**

Baureihe 614

Die dreiteiligen Triebwagen der Baureihe 614/914 waren eine Weiterentwicklung der Baureihe 624/634 für den Nah- und Vorortverkehr. Der Auftrag ging an die Waggonfabrik Uerdingen AG in Krefeld-Uerdingen.

In den beiden Endwagen (614) war je eine Maschinenanlage installiert, die Mittelwagen (914) blieben ohne Antrieb. Um die Kapazität zu steigern, konnten zwei Mittelwagen eingereiht oder die Züge in Mehrfachtraktion gefahren werden. Auch Mittelwagen der Baureihen 924 und 934 konnten eingereiht werden.

Die Wagenkästen wurden in selbsttragender Bauweise aus leichten Walzprofilen und abgekanteten Blechen gefertigt. Luftfedern bildeten die Verbindung zwischen Aufbauten und Drehgestellen.

Für die Züge war eine gleisbogenabhängige Wagenkastensteuerung vorgesehen, die den Kasten um bis zu 4,2° auslenken konnte. Um dabei das Umgrenzungsprofil nicht zu überschreiten, war der Kasten unter den Fenstern geknickt und verjüngte sich nach oben. Die Steuerung wurde bei den Prototypen eingebaut, brachte aber nicht den gewünschten Nutzen, sodass die Deutsche Bundesbahn bei den Serienwagen darauf verzichtete.

Zunächst wurden zwei Prototypen geliefert und von Trier aus auf der Moselstrecke getestet. Später waren sie zusammen mit den ersten 25 Serienfahrzeugen in Nürnberg beheimatet und in Franken und der Oberpfalz unterwegs. Sie kamen aber auch bis nach Stuttgart, Ulm und Augsburg. Die Nürnberger Fahrzeuge waren kieselgrau-blutorangefarben lackiert. Die ab 1975 gelieferten weiteren 614/914 wurden in Braunschweig stationiert und waren ozeanblau/beige lackiert. Sie fuhren in Niedersachsen. Später bekamen noch einige Wagen den grau/türkisfarbenen RegionalBahn-Anstrich.

Die Verteilung der Züge blieb bis zum Ende der Bundesbahnzeit 1993 nahezu unverändert. Erst die Deutsche Bahn AG führte nennenswerte Umbeheimatungen durch.

Baureihe		**614**
Radsatzfolge		**B'2'+2'2'+2'B'**
Länge über Puffer		**79.460 mm**
Radsatzstand	**Triebkopf, Mittelwagen**	**21.500 mm**
	Zug (3-teilig)	**73.820 mm**
Treibraddurchmesser		**950 mm**
Höchstgeschwindigkeit		**140 km/h**
Leistung		**2 x 377 kW**
Dienstmasse		**141,8 t**
Indienststellung		**1971–1975**
Anzahl (Züge)		**42**

Baureihe VT 23, VT 24 (ab 1968: BR 624, 634)

In den 1950er-Jahren begann die Deutsche Bundesbahn mit der Entwicklung neuer Dieseltriebwagen für den Bezirks- und Nahverkehr, um die letzten alten Vorkriegsbauarten abzulösen.

Das BZA München, MAN in Nürnberg und die Waggonfabrik Uerdingen erarbeiteten die Pläne. Zunächst waren die Züge als zweiteilige Einheiten vorgesehen, die Motorisierung erlaubte aber die Erweiterung um einen nicht motorisierten Mittelwagen zu dreiteiligen Einheiten.

Die beiden dreiteiligen Prototypen VT 23 501/VM 23 501/VT 23 502 und VT 23 503/VM 23 502/VT 23 504 kamen 1961 von MAN. Die Waggonfabrik Uerdingen fertigte im gleichen Jahr den VT 24 501/VM 24 501/VT 24 502 und den VT 24 503/VM 24 502/VT 24 504. Die Züge der beiden Hersteller unterschieden sich in der Form der Frontpartie, die bei der Uerdinger Variante etwas runder ausfiel. Beide Ausführungen hatten jedoch Stirnübergänge mit Faltenbälgen, sodass die Fahrgäste bei Mehrfachtraktionen zwischen den Zügen hin und her wechseln konnten.

Die Züge wurden von zwei jeweils 331 kW starken Boxermotoren von MAN angetrieben und waren mit hydraulischen Getrieben ausgestattet.

Die Aufbauten waren eine geschweißte Leichtbaukonstruktion aus abgekanteten Stahlblechen und Walzträgern. Die Inneneinrichtung entsprach der der gleichzeitig gebauten Nahverkehrswagen (»Silberlingen«). Sie war als Großraum mit kunstlederbezogenen Sitzbänken in 2+2-Anordnung ausgeführt. Die 1.-Klasse-Abteile befanden sich an den Kurzkuppelenden der Motorwagen. So konnten auch bei Zügen ohne Mittelwagen 1.-Klasse-Plätze angeboten werden.

Schon kurz nach der Auslieferung gelangten die vier Triebzüge zum Bw Bielefeld, wo sie im Probebetrieb in einem Mischplan mit V-100-bespannten Wagenzügen eingesetzt wurden. Nach den Tests entschied sich die Bundesbahn für die MAN-Version und stellte zwischen 1964 und 1968 insgesamt 40 dreiteilige Züge in Dienst. Damit bei Bedarf auch vierteilige Züge gebildet werden konnten, nahm die Deutsche Bundesbahn 1968 weitere 15 Mittelwagen in ihren Bestand auf. Die beiden Mittelwagen VM 24 418 und 432 wurden als »Gesellschaftswagen« geliefert und zur Bewirtung der Reisenden genutzt werden.

Zu dieser Zeit wurden die Prototypwagen in Baureihe 624^5/ 924^5 und die Serienwagen in die Baureihe 624^6/924^6 umgezeichnet.

Die Serienwagen kamen nach ihrer Ablieferung in die Betriebswerke Braunschweig, Frankfurt/Main, Nürnberg und Osnabrück. Von Trier aus wurden die Triebzüge auf der Moselstrecke eingesetzt.
Nach der Auslieferung der Baureihe 614 wurden sie in Osnabrück und Braunschweig zusammengezogen. 1993 waren alle Triebwagen in Osnabrück zu Hause. Nur einige Mittelwagen blieben in Nürnberg, damit die 614 zu vierteiligen Einheiten verstärkt werden konnten.
Um die Höchstgeschwindigkeit zu steigern und den Fahrkomfort zu erhöhen, bekamen ab 1969 insgesamt 26 Triebwagen und 18 Mittelwagen eine gleisbogenabhängigen Wagenkastensteuerung mit Luftfederung. Die Züge wurden in die Baureihe 634/934 umgezeichnet und ihre Höchstgeschwindigkeit von 120 km/h auf 140 km/h angehoben.
Die gleisbogenabhängige Wagenkastensteuerung bewährte sich bei den 634 aber nicht. Der Neigungswinkel der Kästen war zu klein, weil diese oben nicht schmaler wurden und somit bei stärkerer Neigung die Umgrenzung überschritten hätten. Dadurch gab es keinen nennenswerten Fahrzeitgewinn. Die Kastensteuerung wurde bis 1979 stillgelegt, die Baureihenummer 634/934 blieb aber erhalten. Während ihrer Einsatzzeit wechselten die Triebwagen öfter zwischen den Betriebeswerken Braunschweig und Osnabrück hin und her.
Ab 1990 bekamen die Züge ein »Redesign« mit neuen Sitzpolstern und Wandverkleidungen sowie dem neuen RegionalBahn-Anstrich. 1994 gingen sie an die DB AG über.

Baureihe		**VT 23, VT 24 (624, 634)**
Radsatzfolge		**B'2'+2'2'+2'B'**
Länge über Puffer		**79.460 mm**
Radsatzstand	**Triebkopf, Mittelwagen**	**21.500 mm**
	Zug (3-teilig)	**73.820 mm**
Treibraddurchmesser		**950 mm**
Höchstgeschwindigkeit		**120 km/h, 140 km/h***
Leistung		**2 x 331 kW**
Dienstmasse		**118 t, 120,5 t***
Indienststellung		**1961**, 1964–1968**
Anzahl (Züge)	**VT 23**	**2**
	VT 24	**42 + 15 Mittelwagen**
	634	**26 Triebköpfe, 18 Mittelwagen**

* Baureihe 634

** Vorserienwagen

Baureihe 627

Mit der Baureihe 627 wollte die Deutsche Bundesbahn ihre alten Schienenbusse und lokbespannte Züge auf Nebenstrecken ersetzen und somit deren Attraktivität steigern. Das BZA entwickelte zusammen mit der Maschinenbau GmbH Kiel (MaK) einen einteiligen und einen zweiteiligen Triebwagen. 1974 lieferte MaK die ersten acht einteiligen Triebwagen. Die Wagen hatten zunächst automatische Mittelpufferkupplungen der Bauart Scharfenberg, die aber ab 1984 gegen Schraubenkupplungen und Hülsenpuffer ausgetauscht wurden. Die Fahrzeuge waren für den Einmannbetrieb ausgelegt, d. h. der Fahrzeugführer sollte wie in einem Omnibus auch Fahrkarten verkaufen und kontrollieren. Dafür wurden die Türen so an den Fahrzeugenden platziert, dass die Fahrgäste beim Einsteigen durch die Schwenkschiebetüren am Fahrer vorbei gehen mussten. Der Innenraum war als Großraum mit offenen Abteilen eingerichtet.

Die geschweißten Aufbauten waren in Stahlleichtbauweise ausgeführt und stützten sich über Luftfedern auf den Drehgestellen ab. Der Zugang erfolgte durch Schwenkschiebetüren an den Wagenenden. Lkw-Motoren von Daimler-Benz oder KHD mit einer Leistung von 294 kW trieben über ein Voith-Strömungsgetriebe und Gelenkwellen ein Drehgestell der 120 km/h schnellen Triebwagen an. Nach den acht Prototypen wandte sich die Bahn zunächst von den Triebwagen ab, sodass keine Serienbestellung erfolgte. Nur 1981 und 1882 wurden noch einmal fünf Wagen in einer moderneren Ausführung beschafft und als 627^1 eingereiht.

Die acht Prototypen kamen zunächst nach Kempten und wurden im Allgäu eingesetzt. Auch die 627^1 kam geschlossen nach Kempten. 1985 wurden die 627^0 nach Tübingen umbeheimatet und waren im Schwarzwald unterwegs. 1994 übernahm die Deutsche Bahn alle Wagen.

Baureihe	627
Radsatzfolge	2'B'
Länge über Kupplung (627^0)	22.500 mm
Länge über Puffer (627^1)	23.600 mm
Radsatzstand	17.000 mm
Treibraddurchmesser	760 mm
Höchstgeschwindigkeit	120 km/h
Leistung	287 kW, 294 kW***
Dienstmasse	33,9 t*, 35,5 t**
Indienststellung	1974*, 1981**
Anzahl (Züge)	8* + 5**

* Baureihe 627^0, ** Baureihe 627^1, *** 627 006 bis 008

Baureihe 628^0, 628^1

Parallel zu den einteiligen Triebwagen der Baureihe 627 ließ die Deutsche Bundesbahn auch zweiteilige Fahrzeuge für Nebenstrecken mit höherem Fahrgastaufkommen entwickeln. Die Baureihe 628^0 entsprach weitgehend den 627^0 hatte aber nur auf einer Seite einen Führerraum, auf der anderen Seite war ein Stirnübergang. Elf Züge wurden 1974 geliefert ein weiterer folgte 1975. Die Fahrzeuge kamen von der Waggonfabrik Uerdingen und von LHB in Salzgitter. In jeder Fahrzeughälfte arbeitete ein eigener Motor. Zur Auswahl standen wassergekühlte Motoren von MAN und Daimler-Benz sowie ein luftgekühltes Aggregat von KHD. Im Betrieb zeigte aber sich schnell, dass die Triebwagen mit zwei Maschinenanlagen übermotorisiert waren. Es bestand nun die Möglichkeit, in einen Wagen einen Motor mit höherer Leistung einzubauen und den anderen in einen antriebslosen Steuerwagen umzuwandeln. So wurden aus den 628/628-Garnituren die 628/928-Einheiten. Wie bei der Reihe 627 verfolgte die Bundesbahn auch hier den Serienbau nicht weiter. Erst 1981 kamen mit den 627^1 noch drei 628^1 zur Bundesbahn. Sie waren von Anfang an als Trieb-/Steuerwagen-Einheit ausgeführt und entsprachen in ihrem Aufbau mit normalen Schraubenkupplungen und Puffern den Wagen der Reihe 627^1. Wie bei den 627^0 wurden auch bei den 628^0/928^0 Mitte der 1980er-Jahre die automatischen Scharfenbergkupplungen gegen Schraubenkupplungen und Puffer ausgetauscht. So konnten die Fahrzeuge freizügiger eingesetzt werden und bei Bedarf auch Reisezug- oder Güterwagen mitnehmen.

Zusammen mit den 627 wurden die 628^0 und 628^1 in Kempten beheimatet. Dort wurde sie als Einzelwagen, in Doppeltraktion oder zusammen mit den 627 im Allgäu eingesetzt.

Baureihe	**628^0, 628^1**
Radsatzfolge	**2'B'+B'2'*, 2'B'+2'2'****
Länge über Kupplung (628^0)	**44.350 mm**
Länge über Puffer (628^1)	**45.150 mm**
Radsatzstand	**38.550 mm**
Treibraddurchmesser	**760 mm**
Höchstgeschwindigkeit	**120 km/h**
Leistung	**2 x 213 – 2 x 221 kW*, 357 kW****
Dienstmasse	**64,1 t**
Indienststellung	**1974*, 1981****
Anzahl (Züge)	**24* + 3****
*** Baureihe 628^0, ** Baureihe 628^1**	

Baureihe 628^2, 628^4, 629

Während die Deutsche Bundesbahn von den einteiligen Triebwagen der Baureihe 627 nur die beiden Probeserien beschaffte, ging die zweiteilige Baureihe 628 in Großserie. Mitte der 1990er-Jahre bestellte die Bahn die ersten 150 Fahrzeuge. Sie hatten 410-kW-starke Motoren und waren als Trieb-/Steuerwagen-Einheit ausgeführt. Am Ende mit dem Stirnübergang verzichtete man bei beiden Wagenhälften auf eine Einstiegstür und eine Toilette.

Mit den 150 Zügen konnte der Bedarf aber noch nicht gedeckt werden, sodass eine Bestellung über weitere Fahrzeuge erfolgte. DUEWAG in Krefeld-Uerdingen überarbeite die Konstruktion und es entstand die Baureihe 628^4/928^4 mit einer Leistung von 485 kW. Die Züge wurden nicht nur auf den neuesten technischen Stand gebracht, sie waren auch gut einen Meter länger und bekamen am Übergangsende für einen schnelleren Fahrgastwechsel eine doppelflügelige Einstiegstür. Die Deutsche Bundesbahn übernahm 309 dieser Fahrzeuge.

Für den Einsatz auf der steigungsreichen Strecke von Mainz nach Alzey benötigte die Bahn stärkere Triebwagen. Sie ließ deshalb fünf Fahrzeuge der Baureihe 628^4/928^4 mit zwei Motoranlagen ausstatten. Die Züge wurden als Baureihe 628^9/629 in den Bestand aufgenommen.

Die Triebwagen der Baureihe 628^2 waren die ersten Fahrzeuge, die die Deutsche Bundesbahn im neuen Farbkleid mit grauem Wagenkasten und türkisfarbenem Fensterband in Dienst stellte.

Außer der Bundesbahn hatten auch Luxemburg, Rumänien und einige deutsche Privatbahnen Züge dieses Typs in ihrem Bestand, darunter die Verkehrsbetriebe Elbe-Weser (EVB) und die Frankfurt-Königsteiner Eisenbahn (FKE).

Baureihe	**628^2, 628^4, 629**
Radsatzfolge	**2'B'+2'2', 2'B+B'2'*** **
Länge über Puffer	**45.400*, 46.400 mm**
Radsatzstand	**38.550 mm**
Treibraddurchmesser	**760 mm**
Höchstgeschwindigkeit	**120 km/h**
Leistung	**410 kW*, 485 kW**, 2 x 485 kW*** **
Dienstmasse	**66,9 t*, 69,9 t**, 84 t*** **
Indienststellung	**1986–1996**
Anzahl (Züge)	**150* + 309** + 5*** **

*** Baureihe 628^2, ** Baureihe 628^4, *** Baureihe 629**

Baureihe VT 92⁵ (ab 1968: BR 692)

Anfang der 1950er-Jahre ließ die Deutsche Bundesbahn bei MAN in Nürnberg einen Versuchstriebwagen bauen, mit dem Komponenten und Kopfformen für die neu zu beschaffenden Dieseltriebwagen der Baureihen VT 08^5 und VT 12^5 erprobt und untersucht werden konnten. Auch half er bei der Entwicklung der Baureihe V 200^0. Die Wahl fiel auf den vierachsigen Vorkriegstriebwagen VT 872, von dem aber nur das geschweißte Untergestell weiterverwendet wurde. Antrieb, Drehgestelle und Fahrzeugaufbau entstanden komplett neu. Der Motor war nun im Drehgestell befestigt und nicht mehr auf dem Rahmen. In dem Wagen wurden unterschiedliche Motoren untersucht. So bekam er zunächst einen 800 PS (588 kW) starken Motor von Maybach. Dieser wurde bald durch eine 1.000 PS (735 kW) starke Anlage. Anfang 1952 folgte ein 800 PS starker Motor von MAN und im Dezember 1952 ein 1.000 PS starker Motor von Daimler-Benz.
Als Versuchsfahrzeug war der Wagen nicht für den Planeinsatz vorgesehen und hatte deshalb keinen Fahrgastraum. Das Innere wurde als Messraum eingerichtet. Der VT 92 501 und bekam wegen seiner orangebraunen Lackierung bald den Spitznamen »Kartoffelkäfer«. 1966 bekam er den roten Regelanstrich der anderen Diesel-»Eierköpfe« der Deutschen Bundesbahn. Nach dem Abschluss der Versuche ging der VT 92 501 nach Nürnberg und war als Schlepptriebwagen vor Personenzügen in Richtung Furth im Wald und Amberg im Einsatz. Ab 1960 gehörte er zum AW Nürnberg und wurde (ab 1968 als 692 501) zur Beförderung schadhafter Lokomotiven und Triebwagen in das Ausbesserungswerk und zurück zu den Heimatdienststellen genutzt. Ende 1978 wurde der Wagen ausgemustert und im AW Nürnberg hinterstellt. Später gelangte er in den Besitz des DB-Museums und wurde dem Bayerischen Eisenbahnmuseum in Nördlingen als Leihgabe überlassen.

Baureihe	**VT 92^5 (692)**
Radsatzfolge	**B'2'**
Länge über Puffer	**21.850 mm**
Radsatzstand	**17.520 mm**
Treibraddurchmesser	**940 mm**
Höchstgeschwindigkeit	**120 km/h**
Leistung	**736 kW**
Dienstmasse	**51,5 t**
Indienststellung	**1951**
Anzahl	**1**

Baureihe 701, 702

Für ihr ständig wachsendes elektrifiziertes Streckennetz benötigte die Deutsche Bundesbahn ab Mitte der 1950er-Jahre zunehmend Fahrzeuge, um die Oberleitung zu warten und instand zu halten. Sie sollten einfach, robust und schnell einsatzfähig sein. Man entschied sich deshalb, ein Fahrzeug auf Basis der Schienenbusse zu entwickeln. Von ihnen übernahm man den Rahmen und die Maschinenanlagen mit den beiden Motoren. Der Aufbau wurde neu konstruiert und fiel erheblich höher aus als beim Schienenbus. Damit auch Wagen mitgenommen werden konnten, bekamen die Triebwagen normale Schraubenkupplungen und Puffer.

Zwischen 1955 und 1974 lieferten WMD, Rathgeber, Uerdingen und MBB über 160 Exemplare. Anfang der 1960er-Jahre kamen vier einmotorige Turmtriebwagen hinzu. Die ab 1968 als 702 bezeichneten Fahrzeuge bewährten sich aber nicht. Sie bekamen 1971 und 1972 einen zweiten Motor und wurden in 701, wie die Zweimotorer seit 1968 hießen, eingereiht. Für steilere Strecken rüstete die Bahn Anfang der 1970er-Jahre 23 Turmtriebwagen mit einer dynamischen und einer Magnetschienenbremse aus. Sie wurden zur Unterscheidung in die frei gewordene Baureihe 702 umgezeichnet.

Für die Montage und Überprüfung der Oberleitung hatten die Wagen eine schwenkbare Hebebühne. Mit einer zusätzlichen Leiter konnte eine Höhe von 15 m erreicht werden. Ein Prüfstromabnehmer ließ Lage und Spannung des Fahrdrahts feststellen. Schwenkbare Scheinwerfer ermöglichten Arbeiten in der Nacht. Die Arbeiten konnten im Werkstattraum vorbereitet werden. Eine Kanzel auf dem Dach ermöglichte eine Beobachtung vom Inneren der Triebwagen aus. Die zunächst rot und später gelb lackierten Wagen wurden in nahezu allen größeren Bahnhöfen im elektrifizierten Streckennetz beheimatet. Wichtigen Knotenpunkten wurden mehrere Fahrzeuge zugeteilt. 1994 übernahm sie die DB AG.

Baureihe	**701, 702**
Radsatzfolge	**1A*, AA****
Länge über Puffer	**13.950 mm**
Radsatzstand	**6.000 mm**
Treibraddurchmesser	**900 mm**
Höchstgeschwindigkeit	**90 km/h**
Leistung	**111 kW*, 2 x 111 kW****
Dienstmasse	**21,8 t*, 24,6 t****
Indienststellung	**1955–1974**
Anzahl	**4*, 163****

* Wagen mit einer Antriebsanlage, ** Wagen mit zwei Antriebsanlagen

Baureihe 704

In den 1970er-Jahren waren die zulässigen Höchstgeschwindigkeiten auf dem elektrischen Streckennetz der Deutsche Bundesbahn so weit angestiegen, dass die nur 90 km/h schnellen Turmtriebwagen der Baureihen 701 und 702 vor allem auf schnelleren Strecken nicht mehr so einfach in den laufenden Betrieb eingefädelt werden konnten. Auch im Hinblick auf die geplanten Hochgeschwindigkeitsstrecken fasste die Bundesbahn deshalb einen Nachfolger für die alten Zweiachser ins Auge. Die neuen Wagen basierten auf der Baureihe 627 und sollten eine Höchstgeschwindigkeit von 140 km/h haben. Normale Kupplungen und Puffer erlaubten das Mitführen zusätzlicher Wagen.

MBB in Donauwörth lieferte unter Beteiligung der Waggonfabrik Uerdingen in den Jahren 1977 und 1978 fünf vierachsige Fahrzeuge, die als 704 eingereiht wurden. Sie wurden in Nürnberg (001), Karlsruhe (002, 005) und Osnabrück (003, 004) beheimatet. Obwohl sich die Turmtriebwagen bewährten, bestellte die Bahn keine weiteren Fahrzeuge dieser Baureihe mehr nach.

Wie die zweiachsigen Turmtriebwagen hatten auch die 704 eine große Arbeitsbühne auf dem Dach. Sie konnte über eine Klappe im Dach vom Werkstattraum aus erreicht werden und ließ sich um 2.000 mm anheben. Ein Aufenthaltsraum, eine Sichtkanzel, ein Messstromabnehmer, große Außenleuchten und ein Ladekran mit einer Tragkraft von 300 kg gehörten ebenfalls zur Ausstattung. Wegen der größeren Länge konnten zusätzlich ein Waschraum und eine kleine komplett eingerichtete Küche untergebracht werden.

Der Antrieb erfolgte über zwei unterflur aufgehängte Zwölfzylinder-Dieselmotoren mit einer Leistung von jeweils 287 kW. Sie übertrugen ihr Drehmoment über Zweiwandlergetriebe auf die Radsätze. Ein Hilfsdieselmotor erzeugte über einen Generator die elektrische Energie, die in den Fahrzeugen benötigt wurde.

Baureihe	**704**
Radsatzfolge	**B'B'**
Länge über Puffer	**23.400 mm**
Radsatzstand	**17.400 mm**
Treibraddurchmesser	**760 mm**
Höchstgeschwindigkeit	**140 km/h**
Leistung	**574 kW**
Dienstmasse	**46,4 t**
Indienststellung	**1977–1978**
Anzahl	**5**

Baureihe 705

Mit dem Bau der Schnellfahrstrecken zwischen Hannover und Würzburg sowie zwischen Mannheim und Stuttgart entstanden zahlreiche neue Tunnel. Dafür brauchte die Deutsche Bundesbahn ein geeignetes Wartungsfahrzeug. Zwar hatte sie zunächst noch die Tunneluntersuchungswagen 711 001 und 712 002 in ihrem Bestand, der 711 001 wurde aber 1984 ausgemustert und der 712 001 war ein umgebauter Reichsbahn-Triebwagen, der die Anforderungen nicht mehr erfüllte. Auch der provisorisch zum Tunneluntersuchungswagen umgebaute Turmtriebwagen 701 071 entsprach nicht den Vorgaben. Deshalb entwickelte das BZA München in Zusammenarbeit mit der Deutschen Plasser Bahnbaumaschinen GmbH in Freilassing einen Tunneluntersuchungswagen, der auf den Motorturmtriebwagen des Typs MTW 100 der Österreichischen Bundesbahnen aufbaute. Das »Tunnelinstandhaltungsfahrzeug« (TIF) wurde im November 1992 in Dienst gestellt und bekam die Nummer 705 001.

Zwischen den beiden Führerständen hatte der 705 einen Mehrzweckraum mit Küche, Klappbetten, Tisch und Sitzgelegenheiten, sowie einen Büroraum, einen Aufenthaltsraum und eine Nasszelle. Auf dem Wagendach war eine Hubdrehbühne. Auf der Plattform an der vorderen Stirnseite war zusätzlich ein Hubsteiger montiert. Fünf Außenscheinwerfer sollten das Arbeiten bei Dunkelheit ermöglichen.

Dan Antrieb übernahm ein Motor von KHD mit zwölf Zylindern und einer Leistung von 367 kW. Mit ihm war eine Höchstgeschwindigkeit von 120 km/h möglich. Für Tunneluntersuchungsfahrten stand ein KHD-Motor mit einer Leistung von nur 44 kW zur Verfügung. Mit ihm konnten Geschwindigkeiten zwischen 0,5 und 7 km/h gefahren werden. Kleinere Schäden an den Tunnels konnten mit dem Fahrzeug sofort vor Ort repariert werden, größere Schäden wurden aufgenommen und weitergemeldet.

Der vierachsige gelbe Wagen wurde in Karlsruhe stationiert und 1994 von der Deutschen Bahn AG übernommen.

Baureihe	**705**
Radsatzfolge	**B'B'**
Länge über Puffer	**15.920 mm**
Radsatzstand	**11.300 mm**
Treibraddurchmesser	**840 mm**
Höchstgeschwindigkeit	**120 km/h**
Leistung	**367 kW + 44 kW**
Dienstmasse	**52 t**
Indienststellung	**1992**
Anzahl	**1**

Baureihe 711

Mitte der 1950er-Jahre benötigte die Deutsche Bundesbahn ein neues Fahrzeug zur Untersuchung ihrer Tunnel. Das Fahrzeug musste abgasfrei in Tunneln arbeiten können, es musste eine sehr langsame Arbeitsgeschwindigkeit bieten, sollte sich aber schnell zu den Einsatzorten schleppen lassen. Bei Wegmann in Kassel entstand der mechanische Teil des vierachsigen Akkutriebwagens. Der elektrische Teil kam von der Schaltbau GmbH in München. Die Hagener Akkumulatoren Fabrik AFA (später Varta) lieferte die Batterien, die die Fahrmotoren speisten. Im Streckengang konnte der Wagen bis zu 100 km/h schnell fahren. Die Arbeitsgeschwindigkeit lag bei 2 bis 5 km/h.

1958 wurde 711 001 fertig gestellt und an die Deutsche Bundesbahn übergeben, die ihn in Karlsruhe beheimatete. Von dort aus kam er in ganz Deutschland zum Einsatz. Das rote Fahrzeug wurde nie umbeheimatet, 1984 ausgemustert und leider verschrottet.

Es hatte an beiden Enden eine große Plattform und schmale Aufbauten, in denen sich die Führerstände, der große Auswerteraum mit Tisch und Stühlen und der Geräte- bzw. Vorratsraum befanden. Neben den Aufbauten führten Treppen aufs Dach. Im breiteren Mittelteil waren Aufenthalts- und Sanitärräume mit Schlaf- und Kochgelegenheiten. Mit einem Dieselaggregat konnte die Akkumulatoren für die Tunnelfahrten aufgeladen werden. Somit war der Wagen unabhängig von Ladestationen. Auf dem Dach befanden sich ein Erdungsstromabnehmer und eine bewegliche Arbeitsbühne. Außerdem befand sich auf dem Dach ein Fahrschalter von dem aus der Zug bewegt werden konnte. Zur Ausleuchtung waren an beiden Stirnseiten große Lichtwannen und Scheinwerfer montiert. An beiden Enden waren normale Schraubenkupplungen und Zughaken montiert. So konnte das Fahrzeug zusätzlich Wagen mitnehmen, aber auch – an reguläre Züge angehängt – schnell und ohne eigene Kraft zu einem Einsatzort gebracht werden.

Baureihe	**711**
Radsatzfolge	**Bo'2'**
Länge über Puffer	**21.200 mm**
Radsatzstand	**15.500 mm**
Treibraddurchmesser	**930 mm**
Höchstgeschwindigkeit	**100 km/h**
Leistung	**2 x 96 kW**
Dienstmasse	**57,7 t**
Indienststellung	**1958**
Anzahl	**1**

Baureihe 712

Mitte der 1960er-Jahre ließ die Deutsche Bundesbahn aus dem alten Dieseltriebwagen VT 137 158 den Tunnelmesswagen 712 001 umbauen. Dabei bekam der vierachsige Triebwagen zur Ermittlung der Fahrdrahthöhe und zur Erdung einen Stromabnehmer. In einem Motorraum stand der Dieselmotor für den Antrieb. Daran schloss sich ein Werkstattraum mit Regalen und einer Werkbank an. Hier wurden auch Ersatzteile mitgenommen. Dem Personal standen drei Räume mit Sitz-, Schlaf-, Wasch- und Kochgelegenheiten zur Verfügung. An der hinteren Front war ein Gerüst zur Aufnahme der 55 klappbaren Messlanzen moniert. Um den Querschnitt eines Tunnels zu bestimmen, wurden die Lanzen ausgeklappt und der Wagen fuhr langsam in den Tunnel ein. Dann wurde manuell aufgezeichnet, ob und wo die Lanzen den Tunnel berührten. Wurde die Tunnelwand berührt, so wurde der Auslenkungs-Winkel der entsprechenden Lanze abgelesen. Der Wagen konnte auch zur Vermessung der Überhöhung der Gleise genutzt werden, dazu hatte er einen absenkbaren Messrahmen, der die aufgenommen Daten per Seilzug auf ein Zeichengerät im Messraum übertrug.
Der Triebwagen war mit einer Höchstgeschwindigkeit von 100 km/h unterwegs. Eine elektronische Langsamfahrsteuerung für Messfahrten ermöglichte eine Geschwindigkeit von nur 2 bis 6 km/h. Der elektrische Antrieb mit Tatzlagermotoren wurde von einem Maybach-Dieselmotor über Generatoren mit Strom versorgt. Der Dieselmotor stand ein einem eigenen Motorraum und hatte eine Leistung von 441 kW.
Der zunächst rot lackierte Tunnelmesswagen war in Karlsruhe beheimatet und in ganz Deutschland unterwegs. 1987 wurde er noch einmal aufgearbeitet und bekam dabei den gelben Anstrich für Dienstfahrzeuge.
Nachdem der Nachfolger 712 002 Mitte 1993 in Betrieb ging, wurde der 712 001 abgestellt und ausgemustert. Er wurde aber nicht verschrottet, sondern ging im Oktober 1994 an das DGEG-Museum in Bochum-Dahlhausen.

Baureihe	**712 001**
Radsatzfolge	**2'Bo'**
Länge über Puffer	**23.050 mm**
Radsatzstand	**17.520 mm**
Treibraddurchmesser	**1.000 mm**
Höchstgeschwindigkeit	**100 km/h**
Leistung	**441 kW**
Dienstmasse	**58,5 t**
Indienststellung	**1965**
Anzahl	**1**

Baureihe 713, 714

Im Jahr 1929 lieferte die Maschinenfabrik Müller in Berlin-Karlshorst einen zweiachsigen Akkutriebwagen mit zweiachsigem Beiwagen als »elektrischen Plattformwagen für Material- und Mannschaftstransporte« für Einsätze im 4.205 m langen Cochemer »Kaiser-Wilhelm-Tunnel« an die Reichsbahn. Zunächst kamen die Fahrzeuge bei der Gleissanierung im Tunnel Anfang der 1930er-Jahre zum Einsatz. Anschließend wurden sie neben normalen Arbeiten im Tunnel u.a. zur Bergung von Streckengehern oder Lokpersonalen liegengebliebener Loks im verqualmten Tunnel benutzt und trugen bald den Spitznamen »Cochemer Tunnelzwerg«.

Die Konstruktion beider Fahrzeuge bestand aus normalen Güterwagenuntergestellen mit aufmontierten Plattformen. Über dem Antriebsradsatz des Triebwagens befand sich zunächst ein kleines Führerhaus ohne Wetterschutz. Die Akkus beider Fahrzeuge befanden sich zunächst unter den Wagenböden, wobei die Batterien des Beiwagens nur den Strom für die Lampen und das Arbeitsgerät lieferten. Um 1942 bekam der Triebwagen ein geschlossenes Führerhaus und Akkumulatoren wurden auf die Plattform verlegt. Angetrieben wurde der Tunnelzwerg durch einen Bergmann-Fahrmotor mit einfachem Stirnradvorgelege, dessen Ansteuerung durch einen fünfstufigen Schalter und eine Umschaltwalze erfolgte.

Mit der Elektrifizierung der Moselbahn im November 1973 und der Einrichtung des Zugbahnfunks zwei Jahre später verlor der »Tunnelzwerg« einen Großteil seiner Aufgaben. Schließlich wurden beide Wagen Anfang Juli 1978 von der nächsten Untersuchung zurückgestellt, ins AW Limburg überführt und im März 1979 ausgemustert. Während der 714 001 wohl auf dem Schrottplatz landete, fand der 713 003 eine neue Heimat bei den Eisenbahnfreunden Vulkaneifel im ehemaligen Bw Gerolstein.

Baureihe	713 003	714 001
Radsatzfolge	A 1	2
Länge über Puffer	7.500 mm	7.500 mm
Radsatzstand	4.000 mm	4.000 mm
Treib-/Laufraddurchmesser	1.000 mm	1.000 mm
Höchstgeschwindigkeit	25 km/h	25 km/h
Leistung	19 kW	–
Dienstmasse	14,0 t	k.A.
Indienststellung	1929	1929
gebaute Stückzahl	1	1

Baureihe 719/720

Zu den Dienstfahrzeugen zur Unterhaltung des DB-Streckennetzes gehörte auch der hier vorgestellte Schienenprüfzug. Mit dem Fahrzeug wurden die Schienen mit Ultraschall auf Risse oder andere Materialschäden hin untersucht. Der dreiteilige Zug basierte auf den Dieselbetriebswagen der Baureihe 614 und hatte wie diese zwei angetriebene Endwagen und einen Mittelwagen ohne Antrieb. Entwickelt wurde der Zug vom BZA Minden in Zusammenarbeit mit MAN in Nürnberg, gebaut wurde er bei Messerschmitt-Bölkow-Blohm MBB in Donauwörth. Er wurde Ende Dezember 1974 an die Deutsche Bundesbahn übergeben und als 719 001, 719 501 (Endwagen) und 720 001 (Mittelwagen) eingereiht.

Unter dem 720 001 hing ein absenkbarer Prüfkopfträger mit vier Radsätzen. Er wurde zu Messungen auf das Gleis herabgelassen, sodass die Messköpfe direkt auf dem Gleis aufsetzten. Im Messeinsatz konnte der Zug maximal 60 km/h schnell fahren. Die Daten gelangten in den Messraum, der im Mittelwagen zu finden war. Hier waren auch noch eine Dunkelkammer und eine Filmvorratskammer, in denen die Filme gelagert und verarbeitet wurden, auf denen die Ultraschallbilder aufgezeichnet wurden. In den beiden Endwagen waren die Aufenthaltsräume für das Personal untergebracht. Dazu gehörten Schlafabteile, Waschräume, ein Küchenraum aber auch ein Raum für die Dieselmotoren samt Generatoren, die die Messeinrichtung mit elektrischer Energie versorgten.

Der Zug war zunächst beim BZA Minden zu Hause, später kam er nach Braunschweig. Er hatte einen festen Einsatzplan, nach dem er die Hauptstrecken der Deutschen Bundesbahn abfuhr. An einem Tag konnten etwa 300 km Gleis untersucht werden. Außerdem war er oft im Ausland unterwegs, weil es dort kein vergleichbares Fahrzeug gab. 1994 kam er zur Deutschen Bahn AG.

Baureihe		**719/720**
Radsatzfolge		**B'2'+2'2'+2'B'**
Länge über Puffer	**Endwagen**	**26.650 mm**
	Mittelwagen	**26.160 mm**
	Zug (3-teilig)	**79.460 mm**
Radsatzstand		**21.500 mm**
Treibraddurchmesser		**950 mm**
Höchstgeschwindigkeit		**140 km/h**
Leistung		**2 x 360 kW**
Dienstmasse		**148,3 t**
Indienststellung		**1974**
Anzahl		**1**

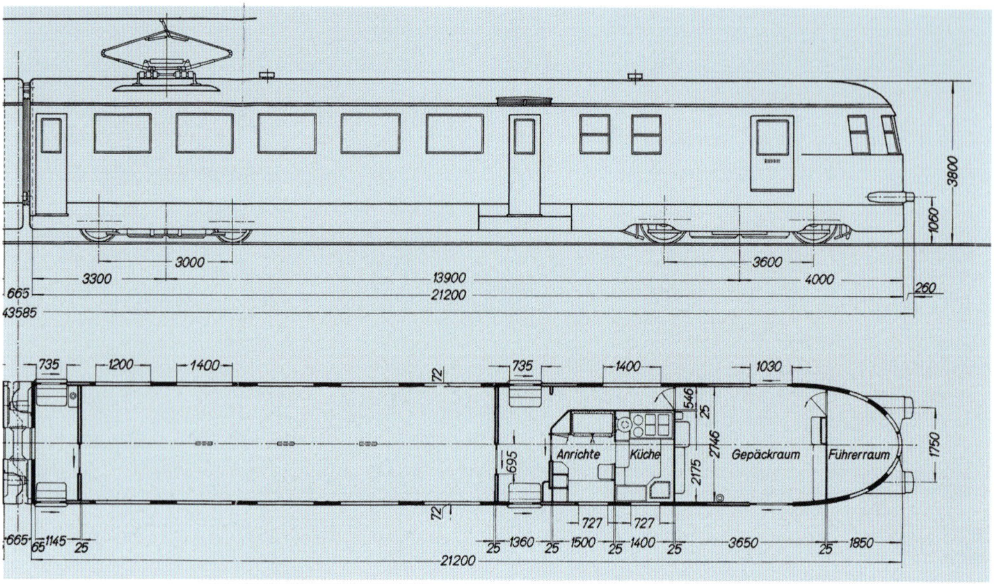

Baureihe 723 001

Nach den guten Erfahrungen mit den Diesel-Schnelltriebwagen entschloss sich die Reichsbahn die Versuche auch auf elektrische Schnelltriebwagen auszuweiten. 1934 erteilte sie den Auftrag zum Bau dreier Züge mit zwar weitgehend gleichem wagenbaulichem Teil, aber unterschiedlicher Technik. Die 160 km/h schnellen Fahrzeuge bestanden aus zwei kurzgekuppelten Triebwagen, bei denen beide Radsätze des jeweils vorderen Drehgestells angetrieben wurden. Drehgestelle, Fahrzeugrahmen und Wagenkasten waren geschweißt.

Ab Sommer 1936 liefen die Fahrzeuge planmäßig auf der Strecke Stuttgart – München – Berchtesgaden im FDt-Dienst. Alle drei Triebwagen überstanden weitgehend unbeschadet den Krieg und dienten zunächst der amerikanischen Besatzungsmacht. 1952 unterzog die Bundesbahn die Wagen einer grundlegenden Aufarbeitung. Dann fuhren die eleganten Fahrzeuge fast ausschließlich im Gelegenheits- und Sonderverkehr. Erst mit Aufnahme des durchgehenden elektrischen Betriebs nach Frankfurt/Main übernahmen sie ab November 1957 das Zugpaar F 29/30 »Münchner Kindl« von München über Stuttgart nach Frankfurt/Main. Dem ständig steigenden Verkehrsaufkommen genügten die zweiteiligen ET 11 schon 1959 nicht mehr und so musterte die Bundesbahn die Einheiten ET 11 02 und 03 im September 1961 aus. Als Funkmesstriebwagen »München 5015« (ab 1968: 723 001) diente der ehemalige ET 11 01 noch von Januar 1964 bis Februar 1971. Für diesen Einsatz wurde aus einem Teil die komplette Inneneinrichtung entfern und durch Arbeitsplätze, Sitzplätze Werkbänke und Plätze für die Messeinrichtungen ersetzt.

Kurz vor seiner Verschrottung erwarb ihn die DGEG und restaurierte ihn anschließend vorbildlich.

Baureihe	723 001
Radsatzfolge	Bo'2'+2'Bo
Länge über Puffer:	43.585 mm
Drehzapfenabstand	13.900 + 13.900 mm
Radsatzabstand Triebgestell	3.700 mm
Radsatzabstand Laufdrehgestell	3.000 mm
Treib-, Laufraddurchmesser	1.100, 950 mm
Höchstgeschwindigkeit	160 km/h
Leistung	1.020 kW
Dienstmasse	104,0 t
Indienststellung	1964
Anzahl	1

Baureihe 723 002, 003

Als letzte große Triebwagenbestellung aus dem Beschaffungsprogramm von 1936 gab die Reichsbahn 40 leichte vierachsige, dieselhydraulische Nebenbahntriebwagen in Auftrag, welche in den Jahren 1939 und 1940 geliefert wurden. Der Wagenkasten wurde weitgehend geschweißter Leichtbauweise ausgeführt. Die aus der Görlitzer Bauart abgeleiteten Drehgestelle waren vollständig aus Stahlblechen geschweißt. Alle Triebwagen erhielten einen 225-PS-Sechszylinder-Reihenmotor von Maybach. Dieser war in das vordere Drehgestell eingebaut und trieb über einen Voith-Drehmomentwandler und eine Gelenkwelle dessen ersten Radsatz an.

Nach Kriegsende befanden sich 31 Triebwagen in den Westzonen. Die Bundesbahn unterzog ihre nun als VT 60^5 bezeichneten Triebwagen einer umfassenden Modernisierung: Stärkere Motoren der Motorenwerke Mannheim mit 330 PS (243 kW) sowie der Ersatz der Holzbänke durch kunststoffgepolsterte Sitze waren die signifikantesten Änderungen. Bis August 1972 waren alle ab 1968 als 660 bezeichnete Triebwagen ausgemustert. Schon 1970/71 waren zwei Fahrzeuge zu Funkmesstriebwagen für den Zugbahnfunk umgebaut worden, wobei im Wesentlichen nur ein Teil der Sitzbänke entfernt und so Platz für Messgeräte geschaffen wurde. Sie versahen unter den Nummern 723 002 (ex 660 506) und 003 (ex 660 531) noch nützliche Dienste bis 1977 bzw. 1979. Jedoch konnte der 723 002 nach einem Motorschaden um 1973 nur noch geschleppt eingesetzt werden. Eine der letzten Aufgaben des 723 003 waren Funkmessfahrten für die Peilung der Standorte von ZBF-Sendemasten. Nach seiner Ausmusterung blieb er erhalten und gelangte schließlich zu den Osnabrücker Dampflokfreunden.

Baureihe		**723 002, 003**
Radsatzfolge		**(A1)2'**
Länge über Puffer		**22.080 mm**
Drehzapfenabstand		**14.140 mm**
Radsatzstand	**Triebdrehgestell**	**3.600 mm**
	Laufdrehgestell	**3.000**
Treib-/ Laufraddurchmesser		**900 mm**
Höchstgeschwindigkeit		**80 km/h**
Leistung		**243 kW**
Dienstmasse		**37,4 t**
Indienststellung		**1970/71**
gebaute Stückzahl		**2**

Baureihe 724, 727

Schienenbusse eigneten sich wegen ihrer einfachen Konstruktion besonders als Dienstfahrzeuge. So ließ die Bundesbahn nicht nur neue Fahrzeuge auf der Basis von Schienenbussen bauen, sondern griff auch auf bereits vorhandene Wagen zurück.

Die VT 95 bildeten die Grundlage für die Indusi-Prüfwagen 724 und für den LZB-Messtriebwagen 727 001. Untergestelle samt Antrieben und Aufbauten blieben nahezu unverändert. Aus den Innenräumen wurden die Sitze entfernt und Fenster bzw. Türen verschlossen. Es wurden Bänke, Tische und Schränke sowie die benötigten Messeinrichtungen eingebaut. Die Mittelpufferkupplungen und die Stoßbügel wurden nicht verändert.

Die Aufgabe der Indusi-Prüfwagen der Baureihe 724 bestand darin, die Funktionsfähigkeit der Gleismagnete für die Induktive Zugsicherung (Indusi) zu überprüfen und gegebenenfalls wieder herzustellen.

Siemens in Braunschweig lieferte die Messtechnik. Am Untergestell waren Messmagnete angebracht, die die Funktionsfähigkeit der fest montierten Gleismagnete der Sicherungseinrichtungen auf einer Tafel neben dem Führerpult anzeigten.

Während der kurze 724 001 im Jahr 1986 ausgemustert wurde, kamen die langen 724 002 und 003 im Jahr 1994 noch zur Deutschen Bahn AG.

Mitte der 1970er-Jahre begann Bundesbahn mit der planmäßigen Einführung der Linienzugbeeinflussung (LZB) für eine Höchstgeschwindigkeit von über 160 km/h. Um die Funktionsfähigkeit dieser Einrichtung sicherstellen zu können, benötigte sie ein entsprechendes Fahrzeug. Man entschied sich gegen einen Neubau, sondern griff auf den 795 113 zurück, aus dem 1974 der LZB-Messtriebwagen 727 001 entstand. Er wurde in München beheimatet und war in ganz Deutschland anzutreffen. Die Prüfeinrichtung bestand aus dem LZB-Messschrank und einem Computer zur Auswertung. Auch er wurde 1994 von der Deutschen Bahn AG übernommen.

Baureihe	**724, 727**
Radsatzfolge	**A1**
Länge über Puffer	**13.298 mm**
Radsatzstand	**6.000 mm**
Treibraddurchmesser	**900 mm**
Höchstgeschwindigkeit	**90 km/h**
Leistung	**110 kW**
Dienstmasse	**16 t**
Indienststellung	**1972*, 1974****
Anzahl	**3*, 1****

*** Baureihe 724, ** Baureihe 727**

Baureihe 725, 726

Der Schienenprüfzug der Baureihe 719/720 war nicht in der Lage, Gleise auf Ausrichtung und die Einhaltung der Spurweite hin zu untersuchen. Für diese Aufgabe beschaffte die Bundesbahn die Gleismesszüge der Baureihen 725/726. Die Doppeleinheiten basieren auf einem umgebauten Schienenbus und einem nicht angetriebenen Neubauwagen. Die eigentliche Messeinrichtung war im höheren Beiwagen untergebracht. Diese Wagen wurden 1974 von MBB in Donauwörth gebaut und von der Deutsche Bundesbahn als 726 übernommen. Die 725 dienten quasi nur als Zugfahrzeuge, außerdem hatte das Personal hier seine Aufenthaltsräume.
Beim 725 blieben beim Umbau Untergestell, Antrieb und Aufbau nahezu unverändert, lediglich einige Fenster und Türen wurden verändert. An einer Stirnseite wurde eine neue Kupplung für den Beiwagen 726 angebracht. Hier wurde der Führertisch des 725 in den 726 verlegt. Stattdessen installierte man einen Dieselmotor, der über einen Generator die Stromversorgung der Messeinrichtung sicherstellte. Der Innenraum der 725 teilte sich in einen Aufenthaltsraum mit Küchezeile, zwei Schlafabteilen mit Doppelstockbetten und kurzem Seitengang sowie einen Waschraum mit Toilette. Die 726 hatten eine Luftfederung, die unabhängig von der Beladung immer die gleiche Höhe des Kastens über der Schienenoberkante und seine waagerechte Ausrichtung garantierte, um so eine einwandfreie Messung zu gewährleisten. Im Messraum standen ein Auswertetisch und eine kleine Werkbank für Reparaturen an der Messeinrichtung.
Zwischen den Radsätzen der 726 waren drei Messradsätze montiert mit deren Hilfe die Gleisgeometrie aufgezeichnet werden konnten. Die Messwerte wurden mechanisch von den Schienen abgenommen und auf Messstreifen übertragen.

Baureihe		**725, 726**
Radsatzfolge		**AA*, 2****
Länge über Puffer	**Einzelwagen**	**13.950 + 13.400 mm**
	Zug (2-teilig)	**27.350 mm**
Radsatzstand		**6.000 mm**
Treibraddurchmesser		**900 mm**
Höchstgeschwindigkeit		**90 km/h**
Leistung		**2 x 110 kW**
Dienstmasse		**23 t*, 16 t****
Indienststellung		**1974**
Anzahl (Züge)		**5**
*** Baureihe 725, ** Baureihe 726**		

Baureihe 728, 740

Die Deutsche Bundesbahn griff beim Bau von Diensttriebwagen nicht nur auf die einmotorige Baureihe VT 95 zurück, sondern auch zweimotorige Baureihe VT 98 diente als Spenderfahrzeuge. Aus ihnen entstanden die beiden Baureihe 728 und 740.

Weil nach der Ausmusterung des Indusi-Prüfwagens 724 001 Ende 1985 die beiden anderen Prüfwagen 724 002 und 003 nicht ausreichten, entschloss sich die Deutsche Bundesbahn einen weiteren Schienenbus für diese Aufgabe umbauen zu lassen. Auch für ihn lieferte Siemens in Braunschweig die Messtechnik. Der Umbau selbst fand im AW Kassel statt. Der Wagen hatte vier Prüfmagnete, die an einem Tragrahmen befestigt waren und die um ± 20 mm in der Höhe verstellt werden konnten. Im März 1985 konnte der 728 001 abgenommen und in den Einsatz geschickt werden.

Die sechs Signaldienst-Triebwagen der Baureihe 740 hatten die Aufgabe bei Signal- und Weichenstörungen auf den neu gebauten Hochgeschwindigkeitsstrecken möglichst schnell vor Ort zu sein und die Störung zu suchen bzw. zu beheben. Anders als bei herkömmlichen Strecken, standen bei den Schnellfahrstrecken nur noch am Anfang der Fahrstraße Signale, dazwischen gab es etwa 10 km lange Abschnitte ohne Signale, weil auf diesen Strecken nach LZB gefahren wurde. Die Signalanlagen konnten nun für den Triebfahrzeugführer nicht mehr direkt gesehen und kontrolliert werden. Dies übernahmen nun die Signaldienst-Prüfwagen der Baureihe 740. Vier Fahrzeuge waren für den Streckenabschnitt zwischen Hannover und Würzburg vorgesehen. Die anderen beiden übernahmen die Überwachung der Schnellfahrstrecke zwischen Mannheim und Stuttgart. Alle sieben Triebwagen wurden Anfang 1994 von der Deutschen Bahn AG übernommen. Der 728 001 gehört heute der Deutsche Regionaleisenbahn GmbH und wird vom Förderverein Wisentatalbahn e. V. betreut.

Baureihe	**728, 740**
Radsatzfolge	**AA**
Länge über Puffer	**13.950 mm**
Radsatzstand	**6.000 mm**
Treibraddurchmesser	**900 mm**
Höchstgeschwindigkeit	**90 km/h**
Leistung	**2 x 110 kW**
Dienstmasse	**23 t*, 22,4 t****
Indienststellung	**1985*, 1990–1992****
Anzahl	**1*, 6***

***Baureihe 728, ** Baureihe 740**

Schienen-Straßen-Omnibus (ab 1968: BR 790)

Die Bezeichnung 790 war für eine besondere Baureihe der Deutschen Bundesbahn vorgesehen, nämlich für den Schienen-Straßen-Omnibus, auch bekannt unter der Abkürzung »Schie-Stra-Bus«.

Für den Einsatz auf wenig frequentierten Nebenstrecken verfolgte die Bundesbahn Anfang der 1950er-Jahre das Konzept eines Zweiwegefahrzeugs für den Personenverkehr. Die Omnibusse sollten im ländlichen Bereich viele Haltestellen in kleinen Dörfern ohne Gleisanschluss anfahren und dann auf die Schiene wechseln, um möglichst schnell in die nächsten größeren Städte zu gelangen. Außerdem sollten die Busse im Ausflugsverkehr genutzt werden können. Zwischen 1953 und 1955 beschaffte die Bahn 15 Straßenbusse, bei denen vorn und hinten zweiachsige Laufgestelle untergeschoben werden konnten, um mit ihnen auf der Schiene fahren zu können. Dafür hatten die Busse eine hydraulische Hubeinrichtung, so dass die Drehgestelle an jeder beliebigen Stelle eines eingeebneten Gleises untergeschoben werden konnten und die Fahrzeuge nicht auf Auffahrrampen angewiesen waren. Dabei konnten die Fahrgäste in Bus sitzen bleiben. Weil die Lenkung beim Schieneneinsatz nicht benötigt wurde, musste die Vorderachse des Busses angehoben werden. Der hintere Radsatz blieb auf den Schienen und übernahm den Vortrieb.

Die Busse wurden auf den Strecken Cham–Passau, Augsburg–Füssen, Bernkastel–Remagen, Koblenz–Betzdorf und Waldshut–Immendingen eingesetzt. Es zeigte sich jedoch, dass das System zu arbeits- und zeitaufwändig war und von den Fahrgästen nicht gut angenommen wurde. Ab 1958 waren nur noch drei Busse im Einsatz. Sie verkehrten auf der Verbindung von Koblenz nach Betzdorf durch den Westerwald und sollten 1968 sogar noch in die Baureihe 790 umgezeichnet werden, wurde aber bereits 1967 ausgemustert. Ein Bus steht heute im Eisenbahnmuseum in Bochum-Dahlhausen.

Baureihe	Schienen-Straßen-Bus (790)
Radsatzfolge	2'A2'
Länge über alles	12.550 mm
Radsatzstand	11.700 mm
Höchstgeschwindigkeit	120 km/h, 80* km/h
Leistung	88 kW
Dienstmasse	13,5 t
Indienststellung	1953–1955
Anzahl	15
* Straßeneinsatz	

Baureihe VT 95 (ab 1968: BR 795)

Im Jahr 1950 stellte die Deutsche Bundesbahn mit den VT 95 901 bis VT 95 912 ihrer ersten einmotorigen Schienenbusse in Dienst. Mit diesen kleinen, leichten und robusten Fahrzeugen wollte sie die schwerfälligen, personal- und zeitintensiven dampfgeführten Reisezüge auf Nebenbahnen ablösen und so diese Strecken für die Fahrgäste wieder attraktiver machen.

Hatten die ersten elf vom BZA München und der Waggonfabrik Uerdingen entwickelten Wagen noch einen Radsatzstand von 4.500 mm bei einer Länge über Kupplung von 10.798 mm, wurde dieser beim VT 95 912 mit einer Sondergenehmigung auf 6.000 mm bei einer Länge von 13.298 mm über Kupplung verlängert. Nachdem die Probefahrten mit diesem Wagen zufriedenstellend verlaufen waren, konnte sich der lange Radsatzstand bei allen weiteren Schienenbussen durchsetzen.

Die Probewagen gingen bei den Betriebswerken Husum, Heiligenhafen, Kempten und Konstanz in den Plandienst. Dabei zeigte sich schnell, dass nur eine Einstiegstür pro Seite für einen zügigen Fahrgastwechsel nicht ausreichte, deshalb wurde der VT 95 911 mit zwei Türen je Seite geliefert. Bis 1955 beschaffte die Deutsche Bundesbahn 557 Schienenbusse in Serienausführung. Dazu kamen noch 15 Wagen für die Eisenbahnen des Saarlandes, die später von der Bundesbahn übernommen wurden. Die meisten Motowagen entstanden bei der Waggonfabrik Uerdingen, aber auch MAN stellte die Triebwagen in Lizenz her. Die Saarbahnwagen kamen von der Waggonfabrik Gebr. Lüttgens in Saarbrücken.

Die VT 95 waren so stark motorisiert, dass sie problemlos einen Beiwagen mitnehmen konnten. Bei den als VB 142 eingereihten Fahrzeugen behielt man sich jedoch den kurzen Radsatzstand von 4.500 mm bei und beschaffte insgesamt 563 Exemplare. Weil die Beiwagen keinen Führerstand hatten, mussten die Triebwagen an den Endhalteselle umsetzten, was zu Zeitverlusten führte. Der »Ultraleicht-Anhänger« VB 142 901 war mit seiner Eigenmasse von nur 6.250 kg ein Einzelstück. Diese Bauweise konnte sich nicht durchsetzen.

Um Signale besser erkennen zu können, hatten die ersten Triebwagen noch Oberlichterfenster über den Stirnfenstern. Weil aber bei ungünstigem Sonnenstand die Triebwagenführer oft geblendet wurden, verzichtete die Bundesbahn ab dem VT 95 9270 auf die Oberlichter und ließ sie bei den älteren Triebwagen verblechen oder einfach überlackieren. Um mehr Gepäck und

auch Fahrräder in den Schienenbussen befördern zu können, ließ die Bundesbahn 56 einachsige Gepäckanhänger für den VT 95 bauen. Die als VB 141 bezeichneten Wagen bewährten sich jedoch nicht und die letzten beiden Anhänger wurden bis Anfang 1969 als Baureihe 941 ausgemustert.
Die letzten Wagen der Baureihe 795 – wie die Wagen ab 1968 hießen – quittierten Mitte 1980 ihren Dienst. Nur der 795 445 blieb als Personalwagen in Köln bis 1983 im Einsatz.

Baureihe	**795**
Radsatzfolge	**A1**
Länge über Puffer	**13.298 mm**
Radsatzstand	**6.000 mm**
Treibraddurchmesser	**900 mm**
Dienstmasse	**11,5 – 13,9 t**
Höchstgeschwindigkeit	**90 km/h**
Leistung	**81 kW, 96 kW, 110 kW**
Indienststellung	**1950–1958**
Anzahl	**12*, 557, 15****
*** Vorserien-Wagen**	
***** für die Eisenbahnen des Saarlandes (EdS)**	

Baureihe VT 97, VT 98 (ab 1968: BR 796, 797, 798)

Für steigungsreichere Strecken erwiesen sich die VT 95 als zu schwach motorisiert. Außerdem boten sie auf Strecken mit höherem Fahrgastaufkommen zu wenig Platz. Deshalb lieferte Uerdingen 1953 drei Schienenbusse mit zwei Maschinenanlagen mit einer Leistung von je 150 PS (110 kW). Sie wurden als VT 98 901 bis 903 eingereiht und entsprachen im Aufbau den VT 95 mit Scharfenbergkupplung. Diese Kupplung erwies sich jedoch als nachteilig und wurde bei den Serienwagen durch eine Schraubenkupplung ersetzt. So konnten bei Bedarf weitere Reisezug- oder Güterwagen angehängt werden.

Nachdem sich zweimotorigen Prototypen bewährt hatten, bestellt die Bundesbahn 329 Triebwagen, die zwischen 1955 und 1962 als VT 98 9501 bis 9829 geliefert wurden. Dazu kamen 320 Beiwagen ohne Führerstand VB 98 und 310 Steuerwagen mit einem Führerstand VS 98. Damit wurden in der Regel dreiteilige Züge aus einem VT, einem VB und einem VS gebildet. Es gab aber auch abweichende Kombinationen, teilweise mit zwei Motorwagen. Denn mehrere Motorwagen ließen sich von einem Führerpult aus steuern. Bei hohen Fahrgastaufkommen konnten auch zwei dreiteilige Züge zu einem Sechsteiler gekuppelt werden.

Für den Einsatz auf der Zahnradstrecke von Honau nach Lichtenstein bestellte die Bahn bei Uerdingen acht Schienenbusse mit Zahnradantrieb der Schweizer Lokomotiv- und Maschinenfabrik Winterthur. Bei ihnen mussten die Untergestelle verstärkt und der Radsatzstand um 50 mm verringert werden. Außerdem bekamen die Triebwagen eine Klinkenband-Klotzbremse. Diese wirkte nur in eine Fahrtrichtung. Deshalb musste der Führerstand 1 der Triebwagen immer zur Talseite zeigen. Zu den 1961 bis 1965 gebauten VT 97 901 bis 908 kamen noch sechs Steuerwagen VS 97 und ein Beiwagen VB 97. Für den Einsatz auf der Nebenbahn von Passau nach Wegscheid mit einem Zahnstangenabschnitt zwischen Obernzell und Wegscheid wurden 1965 drei Wagen in Passau beheimatet. Schon nach kurzer Zeit kamen sie wegen eines Bergrutsches wieder zurück nach Tübingen.

1979 baute das AW Kassel die 798 666, 998 271 und 998 640 für den Einmann- Betrieb um. Sie erheilten Rückspiegel und druckluftbetätigte Türschließeinrichtungen mit Drucktasten und wurden in 796 und 996 umgezeichnet. Der

Umbau bewährte sich und 1988 wurden 47 VT, 26 VB und 43 VS umgebaut.
Für die Nebenbahn von Prien nach Aschau in Oberbayern bekamen 798 652, 653 und 998 896 eine neue Inneneinrichtung mit mehr Platz für Gepäck und Kinderwagen und wurden auf Einmannbedienung ohne Zugbegleiter umgestellt. Die Türen konnten per Knopfdruck von den Fahrgästen geöffnet und geschlossen werden. Der untere Teil des Kastens wurde grau lackiert, das Fensterband und das Dach wurden türkisfarben. Auf den Brüstungen stand der Schriftzug »Chiemgau- Bahn«. 798 652 diente als Reservefahrzeug, bei ihm wurde auf die Aufschrift verzichtet.
Ende 1993 waren noch knapp 100 Schienenbus-Garnituren im Bestand der Deutschen Bundesbahn, die dann an die DB AG übergingen.

Baureihe	VT 97, VT 98 (796, 797, 798)
Radsatzfolge	A1
Länge über Puffer	13.298 mm
Radsatzstand	6.000, 5.950* mm
Treibraddurchmesser	900 mm
Dienstmasse	18,9 t
Höchstgeschwindigkeit	90 km/h
Leistung	2 x 110kW
Indienststellung	1953 – 1962
Anzahl	3** + 329 + 8*
* Baureihe 797	
** Prototypen	

WEITERE INTERESSANTE BÜCHER ZUM THEMA

Neben dem Einsatz von »König Dampf« setzte die 1948 gegründete Deutsche Bundesbahn auch zunehmend Elektroloks ein. Eine interessante Mischung aus der einzigartige Farbfotos entstanden sind, die heute unwiederbringliche Zeitdokumente darstellen.
160 Seiten, 220 Abb., 230x265 mm
ISBN 978-3-613-71703-9
€ 34,90 | € (A) 35,90

Dieses Buch bietet kurze, prägnante Informationen über Entwicklung, Geschichte und Einsatz der wichtigsten deutschen Dieselloks sowie ihre technischen Daten. Dabei werden importierte Maschinen genauso wie die für Privatbahnen entwickelten und produzierten Loks vorgestellt.
144 Seiten, 150 Abb., 170x240 mm
ISBN 978-3-613-71660-5
€ 19,95 | € (A) 20,60

Bei Bau, Beschaffung und Modernisierung von Dampfloks ging die Deutsche Reichsbahn nach ihrer Gründung 1920 eigene Wege und entwickelte das weltweit beachtete Konzept der Einheitslokomotiven. Alle wichtigen Infos über die Dampfloks der DRG von 1920 bis 1945 sind hier gesammelt.
144 Seiten, 150 Abb., 170x240 mm
ISBN 978-3-613-71748-0
€ 19,95 | € (A) 20,60

Dieser Band bietet eine einmalige Zusammenstellung über die moderne deutsche Dampfloktechnik nach 1945. Der Leser erfährt in einem kompakten Überblick, welche Fahrzeuge nahezu zeitgleich in Ost und West beschafft oder modernisiert bzw. rekonstruiert wurden.
144 Seiten, 150 Abb., 170x240 mm
ISBN 978-3-613-71692-6
€ 19,95 | € (A) 20,60

Leseproben zu allen Titeln auf unserer Internetseite

Stand Juni 2025
Änderungen in Preis und Lieferfähigkeit vorbehalten.

Überall, wo es Bücher gibt, oder unter
WWW.MOTORBUCH-VERSAND.DE
Service-Hotline: 0711 / 78 99 21 51

trans press

www.facebook.com/MotorbuchVerlag